U0363366

本书得到国家重点研发计划项目（2016YFA0602603，2017YFA0605300，2016YFA0602602）、国家自然科学基金面上项目（51778601）、上海市科学技术委员会重点研发项目（15DZ1170600）、中国科学院青年创新促进会会员基金、中国科学院 STS 项目（KFJ-EW-STS-140）、中国科学院战略性先导科技专项（XDA05000000）支持。

中国科学院上海高等研究院报告系列

中国行业低碳发展报告

火电、钢铁、水泥

魏 伟　王茂华 / 主编

科 学 出 版 社

北 京

内 容 简 介

党的十九大报告中指出，中国引导应对气候变化国际合作，成为全球生态文明建设的重要参与者、贡献者、引领者。节约能源、减少碳排放不仅关系到中国自身的绿色低碳发展，同时也关系到中国在国际中的大国形象和政治地位。中国人为源碳排放主要集中在第二产业中的几个高能耗、高排放行业，但同时也发现，这些行业中既存在着最先进的生产技术，也保留着能耗较高、碳排放较高的落后生产技术。本书选取火电、钢铁、水泥三个行业，针对其行业自身的技术结构，构建碳排放模型和碳评估模型，定量化评估了技术结构优化对行业减排的潜力及其成本效益，同时提出适合我国火电行业、钢铁行业和水泥行业的低碳发展路径。

本书适合低碳能源和低碳产业相关的政府管理部门、研究机构及相关领域学者。

图书在版编目(CIP)数据

中国行业低碳发展报告：火电、钢铁、水泥／魏伟，王茂华主编．—北京：科学出版社，2018.6

（中国科学院上海高等研究院报告系列）

ISBN 978-7-03-057736-8

Ⅰ.①中…　Ⅱ.①魏…②王…　Ⅲ.①火电厂-二氧化碳-排气-研究报告-中国②钢铁工业-二氧化碳-排气-研究报告-中国③水泥工业-二氧化碳-排气-研究报告-中国　Ⅳ.①X511

中国版本图书馆CIP数据核字（2018）第115758号

责任编辑：李轶冰／责任校对：彭　涛

责任印制：肖　兴／封面设计：无极书装

科学出版社 出版

北京东黄城根北街16号

邮政编码：100717

http://www.sciencep.com

天津市新科印刷有限公司 印刷

科学出版社发行　各地新华书店经销

*

2018年6月第　一　版　开本：787×1092　1/16

2018年6月第一次印刷　印张：8 1/2　插页：2

字数：250 000

定价：98.00元

（如有印装质量问题，我社负责调换）

编写委员会

主　编

魏　伟　王茂华

副主编

汪鸣泉

编　委

王茂华　魏　伟

汪鸣泉　苏　昕

雷　杨

前　言

近一百多年来，全球地表平均温度持续上升。节约能源、减少碳排放已成为全球应对气候变化的主要方式。中国已经成为能源生产和消费大国，在巴黎气候大会召开前夕，中国向世界承诺：到2020年，单位国内生产总值二氧化碳排放比2005年下降40%～45%；到2030年，单位国内生产总值二氧化碳排放比2005年下降60%～65%，同时达到碳排放峰值，并争取尽早达峰。因此，绿色低碳发展不仅是我国经济结构转型的现实需求，也关系我国的大国形象和政治地位。

中国人为源碳排放主要集中在第二产业中的几个高能耗、高排放行业，如何减少这些行业的碳排放，使其走上低碳发展的道路，事关中国碳减排的成效，关系到中国能否实现其向世界承诺的自主减排目标。目前，在这些行业中既存在着最先进的生产技术，同时也保留着能耗较高、碳排放较高的落后生产技术，调整这些行业自身的技术结构，提高现有低碳技术的比例，可以在一定程度上促进这些行业的低碳发展，有利于我国承诺的自主减排目标的实现。

本书重点关注能耗和排放量最高的三个行业——火电、钢铁和水泥，以LEAP模型为基础，构建了这三个行业的碳排放模型和碳评估模型，定量化评估了技术结构的改变对这三个行业碳排放总量的影响、单位国内生产总值碳排放量的影响及相应的成本变化，同时提出适合我国火电行业、钢铁行业和水泥行业的低碳发展路径。

本书各章节的内容如下。

引言：总体上描绘了中国节能减排面临的形势，并着重阐述了选择火电、钢铁和水泥三个行业作为本书定量化分析目标的原因。

第一章：分析火电行业、钢铁行业和水泥行业对国民经济发展的贡献、能耗及碳排放现状、技术应用现状、行业减排目标与规划，旨在让读者了解这些高能耗、高排放行业的发展现状，帮助读者更好地理解本书的后续章节。

第二章：结合本书研究目标构建了研究的技术路线图，同时筛选了能源-环境-经济系统的众多模型，基于LEAP模型构建了这三个行业碳排放模型及碳评估模型。

第三～第五章：通过情景分析法来定量化分析这三个行业技术结构调整所带来的减排潜力。作为本书的主体，首先，详细论述了这三个行业的情景设置结果，突出技术结构调整在情景设置中的主导地位。其次，从二氧化碳排放量、单位国内生产总值二氧化碳排放量、技术结构调整的成本、低碳发展的影响因素等方面评价这三个行业技术结构调整所带来的减排潜力。最后，总结各行业的情景分析结果，并提出主要结论。

第六章：主要结论和展望凝练了第三～第五章的分析结果，局限性则提出了本书未来的发展方向。

本书的编写由魏伟、王茂华负责总体设计、策划、组织和统稿，模型架构及撰写由汪鸣泉、雷杨和苏昕负责。其中，水泥行业的模型计算和报告撰写由汪鸣泉负责，火电行业的模型计算和报告撰写由雷杨负责，钢铁行业的模型计算和报告撰写由苏昕负责。本书在撰写过程中还得到了上海碳数据与碳评估研究中心魏崇、尚丽、顾倩荣、黄永健、李青青等同事的支持，在此，向他们表示衷心感谢！

在本书的研究与撰写过程中，得到了上海市科学技术委员会重点研发项目“构建天地一体化碳排放数据系统及应用研究”（15DZ1170600）、国家自然科学基金面上项目（51778601）、国家重点研发计划项目（2016YFA0602603，2017YFA0605300，2016YFA0602602）、中国科学院青年创新促进会会员基金、中国科学院科技服务网络计划（KFJ-EW-STS-140）、中国科学院战略性先导科技专项“应对气候变化的碳收支认证及相关问题”（XDA05000000）等相关项目的大力支持。与此同时，本书的写作，先后得到碳专项项目组各位专家，国外同行何钢、刘竹以及碳排放国际会议与会专家，低碳转化科学与工程重点实验室唐志永及相关团队的指导和无私帮助。也同样借此机会，向各个项目的支持，以及专家的指导与帮助，表示衷心感谢！另外，特别感谢本书引文中的所有作者！

本书部分数据的更新时间为2015年，而资料汇编的更新时间为2016年初，因此本书的分析和结论，仅是基于2015年前后三个行业发展的情况所做出的。但本书基于数据挖掘和情景模型的行业低碳技术减排评估方法，为后续的分析拓展和数据更新，提供了一个可供借鉴的研究框架。

限于我们知识修养和学术水平，报告中难免存在不足之处，恳请读者批评、指正！

魏 伟 王茂华

2018年5月于上海

目　　录

引言　中国行业低碳发展展望[①]

随着人类工业化、现代化进程的推进，人类社会不断发展，同时也造成了资源枯竭、环境恶化等不良影响，特别是工业革命以来人类活动带来的能源消费和二氧化碳排放已成为全球发展瓶颈和气候系统变化的主要原因，由此带来的不利影响加剧了自然环境及人类社会面临的风险，甚至直接威胁到人类的生存和发展（中国科学院可持续发展战略研究组，2015）。2000 年以来，以中国为代表的发展中国家进入了工业化、城镇化快速推进的阶段，随之带来的能源消耗和碳排放成为全球碳排放增长的主要驱动力，如图 0-1 所示（IEA，2015），中国的节能减排任重而道远（李俊峰，2015）。

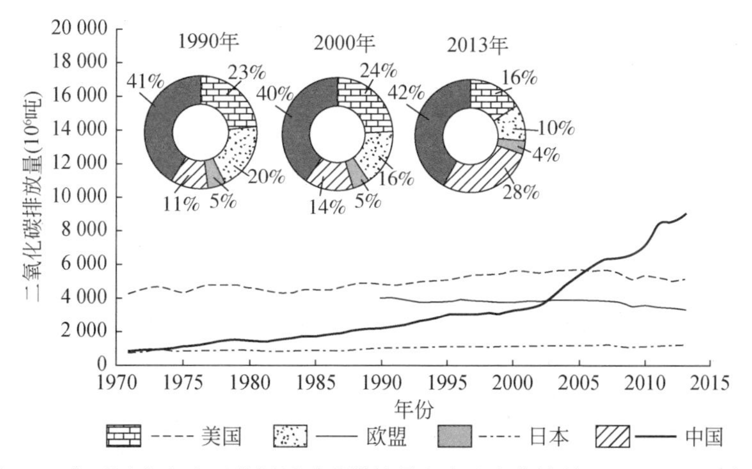

图 0-1　主要国家和地区能源活动碳排放量和占比变化情况（1971～2013 年）

近 20 年来，中国的能源消费一直保持高增长态势，以煤为主的能源和粗放式的利用方式带来了严重的资源环境问题，甚至威胁国家安全，并导致巨大的国际压力。发展节约、高效、低碳、清洁的现代化发展路径是我

① 本章作者：王茂华、魏伟、汪鸣泉、苏昕、雷杨。

国未来的重要战略方向（中国能源中长期发展战略研究项目组，2011）。从全球的能源消耗结构来看，建筑和工业领域占终端能源消费的近40%（IEA，2015）。工业能源消费也是我国能源消费的主要部分，占2014年全国能源消费总量的69.8%[①]。因此，有必要深入研究工业能源领域的低碳技术创新，为低碳发展提供科学和技术支撑。

第一节 化石能源技术创新是实现减排目标的关键

我国的能源技术创新要立足我国经济社会发展、能源结构的现状。化石能源为中国经济工业发展奠定了基础。经济社会取得巨大进步的同时，也消耗了大量化石能源。2014年和1980年相比，全国能源消耗由每年5.7亿吨标准煤增加到42.6亿吨标准煤[②]，增长7.47倍。

未来化石能源仍然占我国能源结构中的主体，也是我国工业发展的基础。尽管2014年非化石能源占能源生产量和能源消费量的比例已分别从1980年的3.8%和5.1%上升到13.7%和11.2%，但原煤在我国能源生产和消费中的比例仍高达73.2%和66.0%。因此，如何实现化石能源的能效、碳效提升，降低化石能源的二氧化碳排放强度是我国气候变化策略和行动的关键（国家发展和改革委员会，2015）。

第二节 中国政府高度重视化石能源减排

我国政府高度重视化石能源减排，近年来也取得了一系列的进步。“十二五”规划的前4年，全国单位国内生产总值能耗累计下降13.4%，实现节能约为6.0亿吨标准煤，相当于少排放二氧化碳14亿吨。2014年单位国内生产总值二氧化碳排放相比2010年累计下降15.8%，比2005年下降33.8%，“十二五”有望实现下降17%的目标（国家发展和改革委员会，2015）。

近年来我国出台了一系列应对气候变化的战略政策和文件，见表0-1，这些文件的出台，既表达了我国通过能源技术创新推动减排低碳发展的决心，也为提高气候

① 数据来自《中国能源统计年鉴2015》。
② 数据来自《中国能源统计年鉴2015》。

变化应对能力部署了实质性的工作。

表 0-1　我国政府近年出台的应对气候变化的战略政策和文件

年份	政策文件
2007	《中国应对气候变化国家方案》（国家发展和改革委员会，2007）
2008	《中国应对气候变化的政策与行动》（国务院新闻办公室，2008）
2009	《落实巴厘路线图——中国政府关于哥本哈根气候变化会议的立场》（国家发展和改革委员会等，2009）
2011	《“十二五”控制温室气体排放工作方案》国发〔2011〕41 号
2013	《国家适应气候变化战略》（国家发展和改革委员会等，2013）
2014	《2014—2015 年节能减排低碳发展行动方案》（国务院办公厅，2014a） 《能源发展战略行动计划（2014—2020 年）》（国务院办公厅，2014b） 《国家应对气候变化规划（2014—2020 年）》（国家发展和改革委员会，2014b）
2015	《中国应对气候变化的政策与行动 2015 年度报告》（国家发展和改革委员会，2015） 《第三次气候变化国家评估报告》（《第三次气候变化国家评估报告》编写委员会，2015）

第三节　化石能源减排的目标分解

根据习近平总书记在 2015 年 12 月 1 日的气候变化巴黎大会开幕式上的讲话内容，和《强化应对气候变化行动——中国国家自主贡献》《中国应对气候变化的政策与行动 2015 年度报告》《“十二五”控制温室气体排放工作方案》《能源发展战略行动计划（2014—2020 年）》《国家应对气候变化规划（2014—2020 年）》以及习近平关于《中共中央关于制定国民经济和社会发展第十三个五年规划的建议》的说明等一系列报告的要求，对中国应对气候变化实现节能减排的 2020 年和 2030 年目标分别进行了部署。

一、中国应对气候变化的 2030 年减排目标

《强化应对气候变化行动——中国国家自主贡献》中提出：到 2030 年，单位国内生产总值二氧化碳排放比 2005 年下降 60%～65%，非化石能源占一次能源消费的比例为 20% 左右，并于 2030 年前后使二氧化碳排放达到峰值。

二、中国应对气候变化的 2020 年减排目标

到 2020 年，单位国内生产总值二氧化碳排放比 2005 年下降 40% ~45%，非化石能源占一次能源消费的比例到 15% 左右，一次能源消费总量控制在 50 亿吨标准煤左右[①]。其中，煤炭占一次能源消费的比例控制在 62% 以内，即不超过 31 亿吨标准煤（国务院办公厅，2014b）。

2020 年的减排分解目标及实现情况如图 0-2 所示。

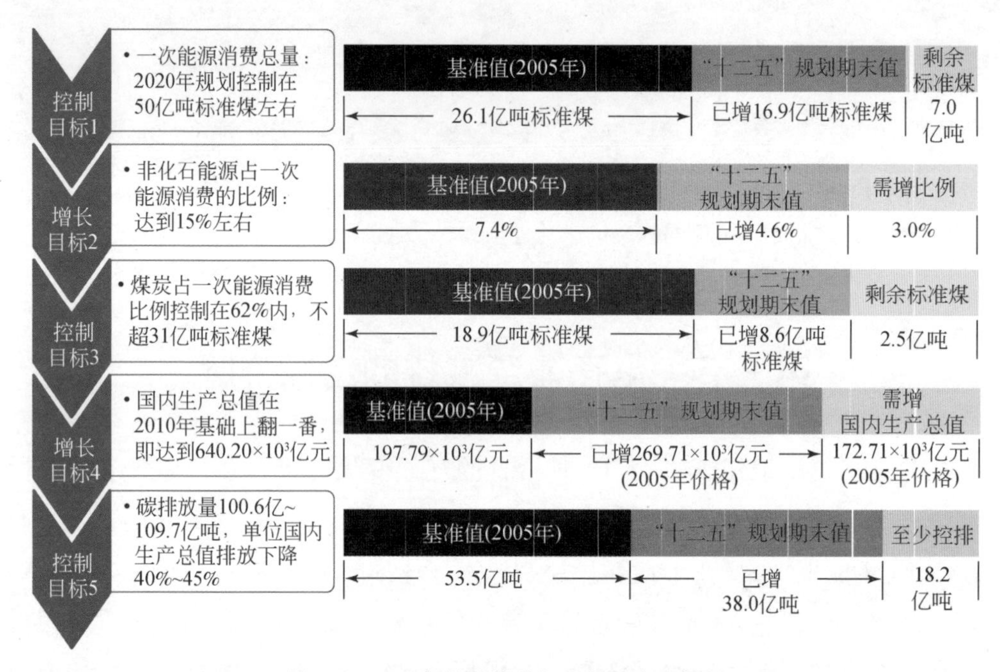

图 0-2 2020 年的减排分解目标及实现情况

图 0-2 系统描述了 2020 年的减排分解目标及实现情况，其中按照控制目标和增长目标，可以将这一减排目标进一步分解如下。

控制目标 1：一次能源消费总量为 2020 年规划控制在 50 亿吨标准煤左右；

增长目标 2：非化石能源占一次能源消费的比例达到 15% 左右；

控制目标 3：煤炭占一次能源消费的比例，控制在 62% 以内，即不超过 31 亿吨标准煤；

增长目标 4：国内生产总值在 2010 年基础上翻一番，即达到 640. 20×10^3 亿元；

① 数据来自《能源发展“十三五”规划》。

控制目标5：二氧化碳排放总量为100.6亿~109.7亿吨，单位国内生产总值排放下降40%~45%。

第四节　化石能源利用行业的排放状况

要实现以上目标一方面要调整能源结构，另一方面要大力推动产业结构转型升级，尤其是重点发展有针对性的低碳技术。中国现在二氧化碳的排放行业包括火电、钢铁、水泥、有色金属、煤化工、民用煤、石油化工、天然气、液化天然气、焦炉气、煤层气等行业。目前，各个行业最先进和最落后的技术并存，各个技术在排放方面的差异较大。本书重点关注排放量较大的前三个行业：火电、钢铁、水泥，并针对三个行业进行重点分析。

目前这三个重点行业的能耗排放现状如下。

一、火电行业能耗排放现状

2013年中国火电行业的装机容量为8.62亿千瓦[①]。2012年的火电行业的能源消费总量为12.7亿吨标准煤，带来44亿~48亿吨的二氧化碳排放[②]。

二、钢铁行业能耗排放现状

2013年中国粗钢产量为8.2亿吨[③]。2013年中国以钢铁为主的黑色金属制造业能源消耗量为79 203万吨标准煤[④]。2009年的钢铁工业二氧化碳排放量达到10亿吨（研究计算值）。

三、水泥行业能耗排放现状

2014年中国水泥的总产量为24.76亿吨（中国科学院碳专项水泥子课题组，

① 数据来自《2014中国电力年鉴》。

② 数据来自2011~2013年《中国能源统计年鉴》及《2013中国电力年鉴》。

③ 数据来自《中国钢铁工业年鉴2014》。

④ 数据来自《中国能源统计年鉴2015》。

2015)。2013 年的水泥全行业消耗能源为 2.58 亿吨标准煤，共计排放 13.12 亿吨二氧化碳（Liu et al.，2015）。

从以上数据可以看出，仅火电、钢铁、水泥三个行业的能源消耗量约为 23.4 亿吨标准煤，已约占我国总体能源消耗量 41.7 亿吨标准煤的 56%（其中，火电、钢铁和水泥分别占到 35%、15% 和 6%，图 0-3)。火电、钢铁、水泥三个行业的二氧化碳排放量约为 70 亿吨（其中水泥行业排放考虑直接排放和间接排放)，已约占我国总体排放量 91.5 亿吨二氧化碳的 77%（其中，火电、钢铁和水泥分别占到 45%、18% 和 14%，图 0-4)。

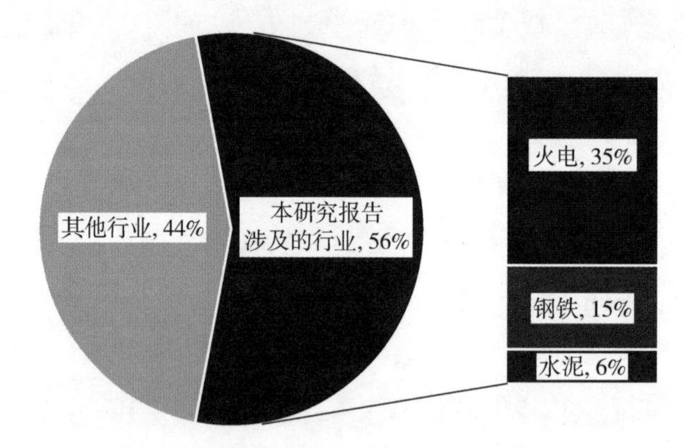

图 0-3 中国能源消耗总量中火电、钢铁、水泥等行业的占比（2013 年）

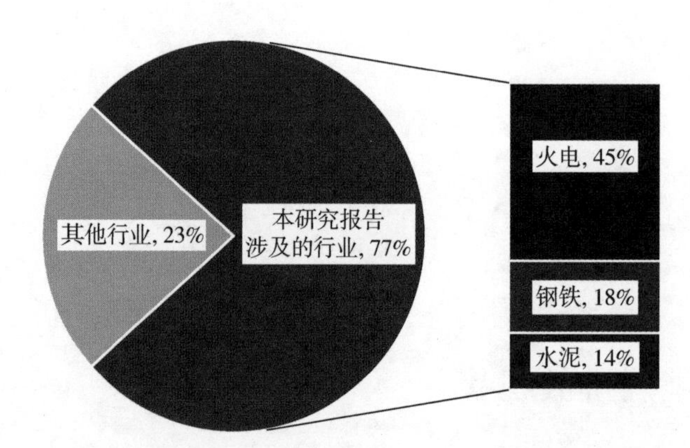

图 0-4 中国碳排放总量中火电、钢铁、水泥等行业的占比（2013 年）

影响行业二氧化碳排放的因素包括低碳技术的推广、能源结构调整、未来技术的发展及经济结构调整，其中低碳技术的推广是最主要的减排途径，因此有必要对重点行业既有产能改造、淘汰落后产能并用新技术“等量替换”、净新增高效产能等低碳技术发展路径的减排影响和成本进行综合分析。

第五节　本书的研究目标及思路

综上所述，本书以化石能源的低碳技术为主要研究对象，针对我国行业现状和技术的发展趋势，重点选取与化石能源消耗、二氧化碳排放紧密相关的火电、钢铁、水泥三个行业，根据各行业各类技术类型的技术特点及参数、碳排放因子、单位产能能耗等数据，结合不同的低碳技术发展趋势、技术结构、成本投入、主要风险等，全面深入地开展以技术为重点的研究和分析，并对各个行业 2020 年的低碳发展提出展望，为我国行业低碳技术的研发和提升建立定量化的数据库与评估模型体系，针对不同技术投入的能耗、排放、成本等进行综合评估，为我国经济绿色低碳转型升级及应对气候变化提供技术支撑，为不断探索中国可持续发展之路提供战略引导。

第一章　中国行业低碳发展概述[①]

本章将详细介绍火电行业、钢铁行业和水泥行业在国民经济发展中的重要地位、能耗及碳排放现状、技术应用现状、行业减排目标及规划，旨在让读者了解这些高能耗、高排放行业的发展现状，帮助读者更好地理解本书的后续章节。

第一节　火电行业[②]

一、火电行业的重要性及现状

电力行业是由发电、输电、变电、配电和用电等环节组成的电力生产与消费系统。电力是国民经济发展重要的基础能源产业，为国民经济各产业的健康发展提供支撑，同时对人民生活水平的提高具有重要意义。特别地，随着我国工业化、城镇化进程的迅速推进，电力需求迅猛增长，电力工业的持续快速发展为国民经济发展转型和人民生活水平的迅速提高做出了巨大的贡献。

目前，我国的发电方式主要包括：火力发电、水利发电、核能发电、风能发电和太阳能发电等。虽然，随着不可再生资源的不断减少，以及国家经济结构的调整、环保政策的落实和洁净能源份额的不断提高，火电行业的增长规模将呈现连续下降的态势（表1-1）。但是，由于我国电力供应相对紧张、能源结构中煤炭比例较高、新能源发电在技术成熟度和成本控制方面仍有待提高，短期内我国电能供应以火电为主的基本格局不会发生根本变化。

---

① 本章作者：雷杨、苏昕、汪鸣泉。

② 本节作者：雷杨。

表 1-1　中国电力行业主要发电方式的装机容量增速（2006～2013 年）

项目	2006 年	2007 年	2008 年	2009 年	2010 年	2011 年	2012 年	2013 年
总装机增速（%）	22.3	14.4	11.1	10.2	10.1	10.0	10.6	9.3
火电增速（%）	26.0	14.6	8.2	8.2	8.4	8.3	6.7	6.1
水电增速（%）	10.8	11.5	15.7	14.0	8.4	7.8	7.1	12.4
核电增速（%）	0.0	30.9	0.0	0.0	19.0	16.2	14.0	16.6
风电增速（%）	47.7	115.5	121.8	92.3	68.1	56.3	0.0	24.7

资料来源：2001～2013 年《中国能源统计年鉴》；2011～2014 年《中国电力年鉴》；联合资信评估有限公司，2008

截至 2013 年末，中国电力行业总装机容量为 12.47 亿千瓦，成为世界第一。其中，中国火电行业的装机容量为 8.62 亿千瓦，较 2012 年同比增长 5.7%，占全国总装机容量的 69.13%［图 1-1（a）］。与此同时，中国电力行业发电规模世界第一，2013 年末，中国电力行业的总发电量为 53 721 亿千瓦时，其中火电行业的发电量为 42 216 亿千瓦时，占全国总发电量的 78.59%［图 1-1（b）］，较 2012 年同比增长 7.5%（图 1-2）。由于资源情况、地理条件和社会发展状况等因素影响，我国的火电装机主要分布在煤炭资源丰富的华北地区和经济发达的华东地区（表 1-2），整体而言，能源资源与负荷中心具有逆向分布的特征（联合资信评估有限公司，2012；中国能源发展战略研究组，2013；联合资信评估有限公司，2014）。2013 年全国电力供需总体保持平衡，全社会用电量为 53 423 亿千瓦时，其中工业用电量为 38 657 亿千瓦时，对全社会用电增长贡献率为 72.36%，是全社会用电量增长的主要拉动力。2013 年火电行业的工业总产值为 15 359亿元，占国民生产总值的比例达到 2.7%①。火电行业作为基础工业，处于国民经

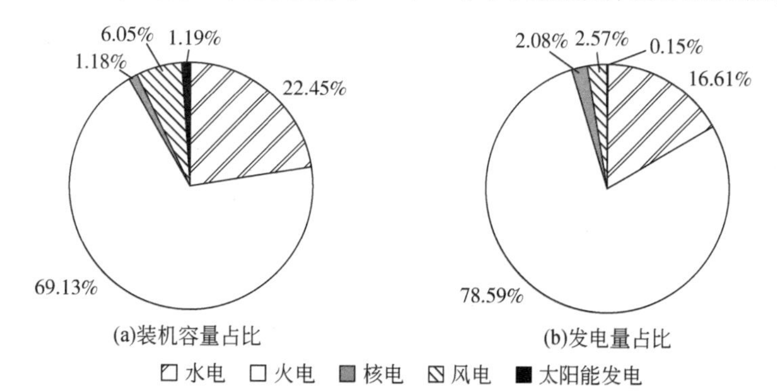

图 1-1　中国电力行业各发电方式的装机容量及发电量占比（2013 年）

资料来源：《2014 中国电力年鉴》

① 数据来自《2014 中国电力年鉴》。

济产业链的底层，其电力产品应用于从生产到生活的几乎所有部门和行业，为国家提供了大量的财政税收收入，更为社会的正常运行提供了基础和保障。

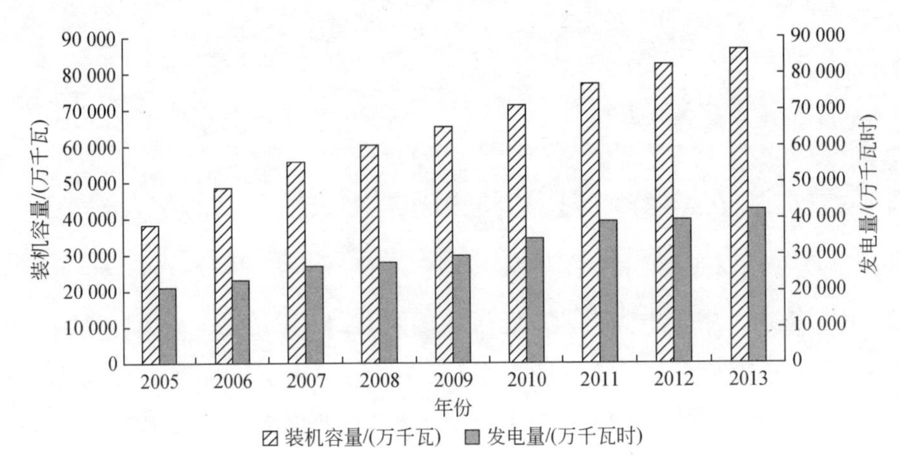

图 1-2　中国火电行业的装机容量和发电量（2005 ~ 2013 年）

资料来源：1991 ~ 2013 年《中国能源统计年鉴》；2011 ~ 2014 年《中国电力年鉴》

目前，我国处在工业化中期阶段，用电结构以第二产业为主（图 1-3），这决定了电力需求特别是工业用电要保持较快增长。虽然我国的发电装机规模已经成为世界第一，但是人均发电装机容量低，人均用电量和生活用电量均不到发达国家水平的 1/3（中国能源发展战略研究组，2013），未来一阶段，我国电力行业的装机容量和发电量仍将稳步提升。

表 1-2　中国电力各省、直辖市、自治区发电量级装机容量（2013 年）

省（自治区、直辖市）	发电量（亿千瓦时）	水电发电量（亿千瓦时）	发电机组（万千瓦）
北京市	335.82	4.72	508.10
天津市	624.27	0.20	42.95
河北省	2499.37	10.94	
山西省	2627.92	38.90	22.60
内蒙古自治区	3520.70	19.76	58.37
辽宁省	1544.33	61.12	
吉林省	769.51	118.50	16.40
黑龙江省	833.99	30.49	1906.52
上海市	959.51		2538.80
江苏省	4289.41	11.07	422.40
浙江省	2939.30	172.48	500.76
安徽省	1965.76	33.16	

续表

省（自治区、直辖市）	发电量（亿千瓦时）	水电发电量（亿千瓦时）	发电机组（万千瓦）
福建省	1767.66	403.11	103.70
江西省	874.57	129.44	35.00
山东省	3510.94	3.46	939.70
河南省	2861.77	114.66	98.30
湖北省	2158.22	1188.91	145.70
湖南省	1347.00	507.10	135.90
广东省	3964.80	382.93	384.50
广西壮族自治区	1259.47	487.59	41.30
海南省	230.74	23.89	
重庆市	627.39	175.17	288.00
四川省	2597.33	1978.61	3884.60
贵州省	1676.28	475.99	
云南省	2148.42	1627.55	77.20
西藏自治区	29.11	19.74	
陕西省	1508.69	109.82	
甘肃省	1194.98	335.32	8.80
青海省	600.34	434.60	
宁夏回族自治区	1096.46	18.98	24.40
新疆维吾尔自治区	1611.69	198.33	388.80

注：空白表示未取得数据。数据来自《2014 中国电力年鉴》

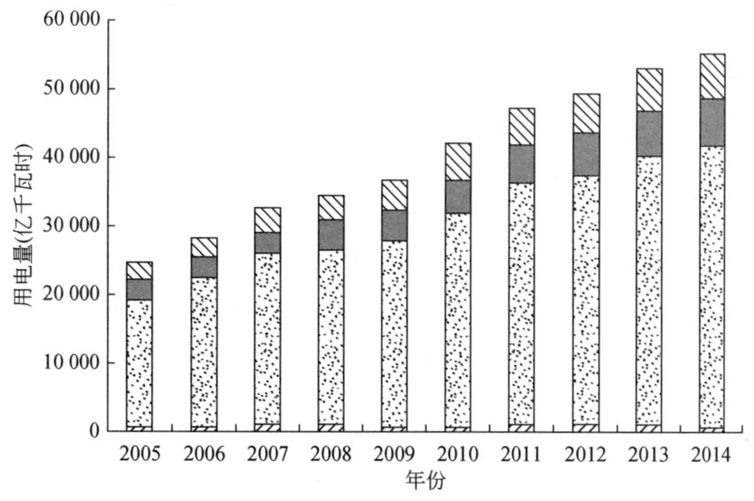

图 1-3　中国全社会用电量（2005～2014 年）

资料来源：中国电力企业联合会，2015a

二、火电行业的能耗与排放情况

火电行业既是国家建设和国民经济的重要保障，同时也是能源消耗和温室气体排放的重点行业。火力发电的能源主要为煤炭、石油和天然气，其中，煤炭占比达到92%以上（图1-4）。2012年，中国能源消费总量达到36.4亿吨标准煤，其中火电行业能源消费总量为12.7亿吨标准煤，占到34.9%（图1-5），其中煤炭的消耗量达18亿吨[①]。煤炭的排放因子与其他化石能源相比较高，使火电行业相应的二氧化碳排放较高。2012年，火电行业的二氧化碳排放量为44亿~48亿吨，较2005年增长了71%~75%，占全国人为源碳排放总量的50%。

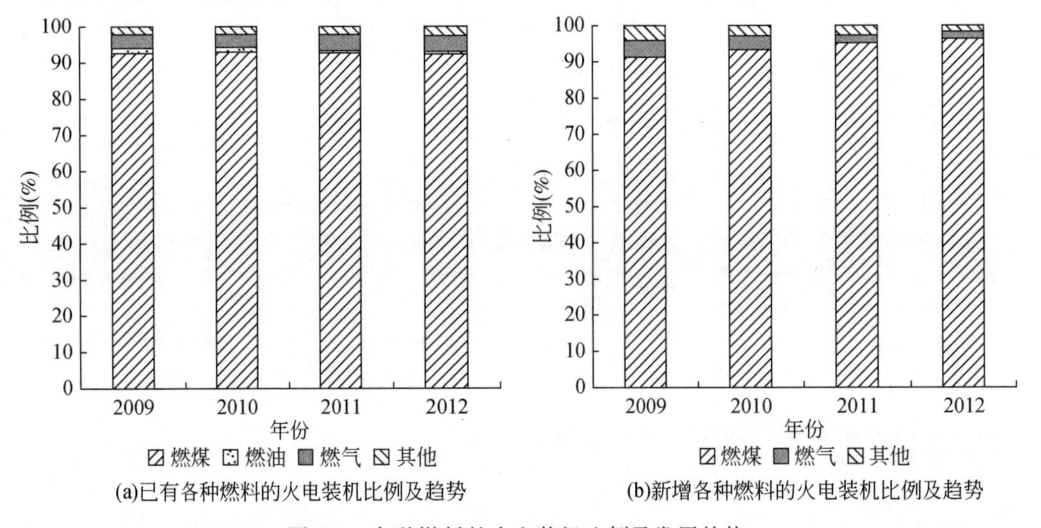

图1-4 各种燃料的火电装机比例及发展趋势

资料来源：2001~2013年《中国能源统计年鉴》；2011~2013年《中国电力年鉴》

与此同时，火电行业节能减排措施成果显著。全行业发电标准煤耗和供电煤耗分别从2006年的0.342千克标准煤/千瓦时和0.367千克标准煤/千瓦时下降到2013年的0.302千克标准煤/千瓦时和0.321千克标准煤/千瓦时[②]。碳排放强度也从2006年的1.26~1.35千克二氧化碳/千瓦时下降到2012年的1.15~1.25千克二氧化碳/千瓦时，下降比例达到8%~9.6%（图1-6和图1-7）。

① 数据来自2011~2013年《中国能源统计年鉴》及《2013中国电力年鉴》。

② 数据来自《2014中国电力年鉴》。

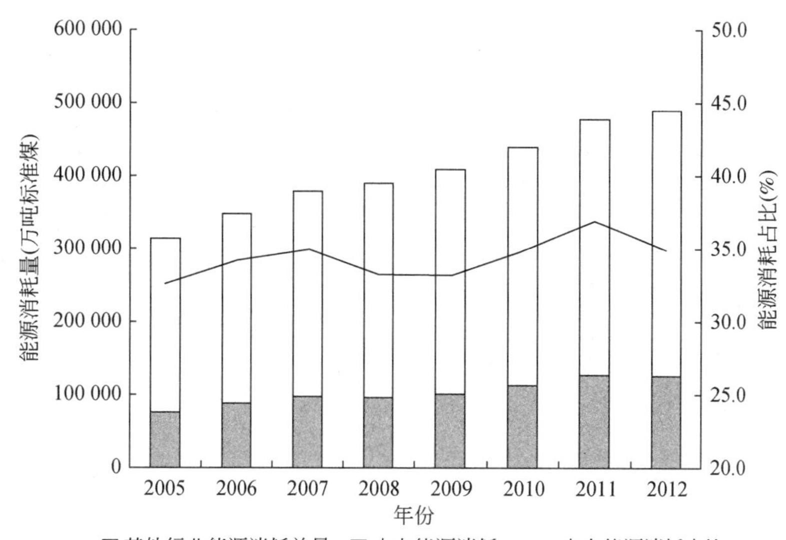

图 1-5　中国火电行业能源消耗情况（2005～2012 年）

资料来源：2001～2013 年《中国能源统计年鉴》；2011～2014 年《中国电力年鉴》

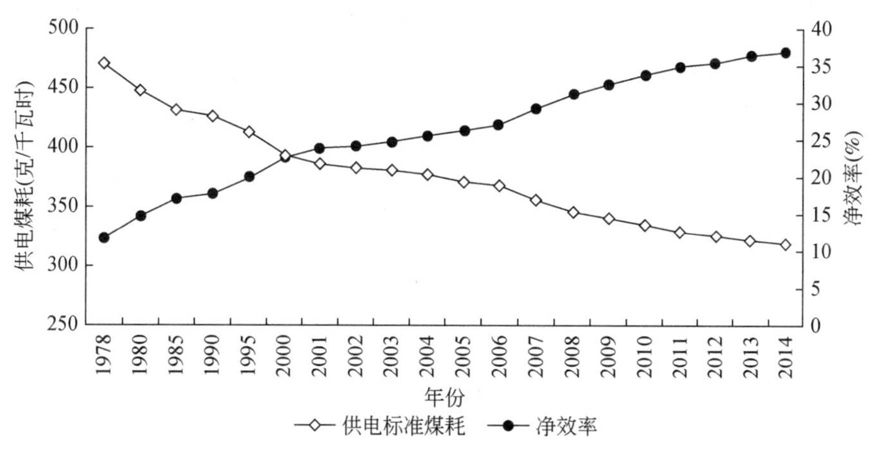

图 1-6　中国火电机组平均供电煤耗和净效率（1978～2014 年）

资料来源：《2014 中国电力年鉴》；中国电力企业联合会，2015a

由此可见，随着国民经济的不断发展和需求增加，火电作为国家支柱行业之一仍需进一步扩大装机规模和发电量。近年来虽然单位发电量的发电煤耗、供电煤耗不断下降，但是该行业的绝对排放量仍在逐年增加，火电行业已经成为我国节能减排领域重点关注的行业。

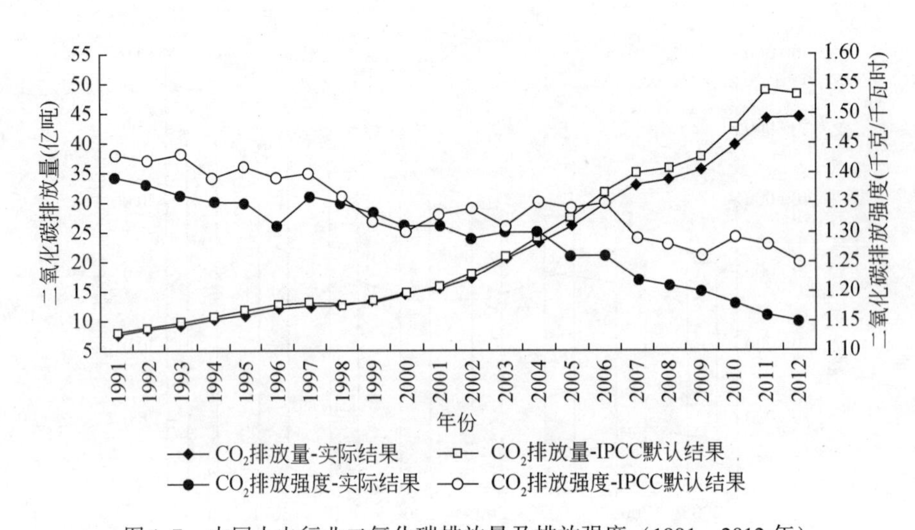

图 1-7　中国火电行业二氧化碳排放量及排放强度（1991～2012 年）

资料来源：2011～2013 年《中国电力年鉴》；国家发展和改革委员会，2014c；Liu et al.，2015

三、火电行业的减排目标

根据中国电力企业联合会发布的《电力工业十二五规划》（中国电力企业联合会，2012b），2020 年我国电力工业新增装机容量中的煤电基地占到 55%，届时中国煤电装机容量将达到 11.7 亿千瓦；2030 年中国煤电装机容量将进一步达到 13.5 亿千瓦；2030～2050 年我国不再新建燃煤电厂，2050 年中国煤电装机容量将有望下降到 12.0 亿千瓦。根据此规划，2020 年的电力工业与 2015 年相比，年节约标准煤为 2.35 亿吨，年减排二氧化碳为 5.84 亿吨；2020 年在燃煤装机增加 26% 的情况下，电力工业相比 2015 年，二氧化碳排放总量增加 27.1%，排放强度降低 4.2%；到 2020 年，现役 60 万千瓦（风冷机组除外）及以上机组力争 5 年内供电煤耗降至每千瓦时 300 克标准煤左右（国家发展和改革委员会，2014b）。国务院办公厅印发的《能源发展战略行动计划（2014—2020 年）》（国务院办公厅，2014b）指出，到 2020 年，力争煤炭占一次能源消费比例控制在 62% 以内，电煤占煤炭消费比例提高到 60% 以上。其中，新建燃煤发电项目原则上采用 60 万千瓦及以上超超临界机组（国家发展和改革委员会等，2014）。立足于我国现有能源供应的基本格局，在 2050 年之前火电仍将是我国的主要供电方式，同时也是排放大户（图 1-8），如何能在保证发展的同时实现提高能效、减少排放的目标是火电行业面临的重大课题和严峻挑战。

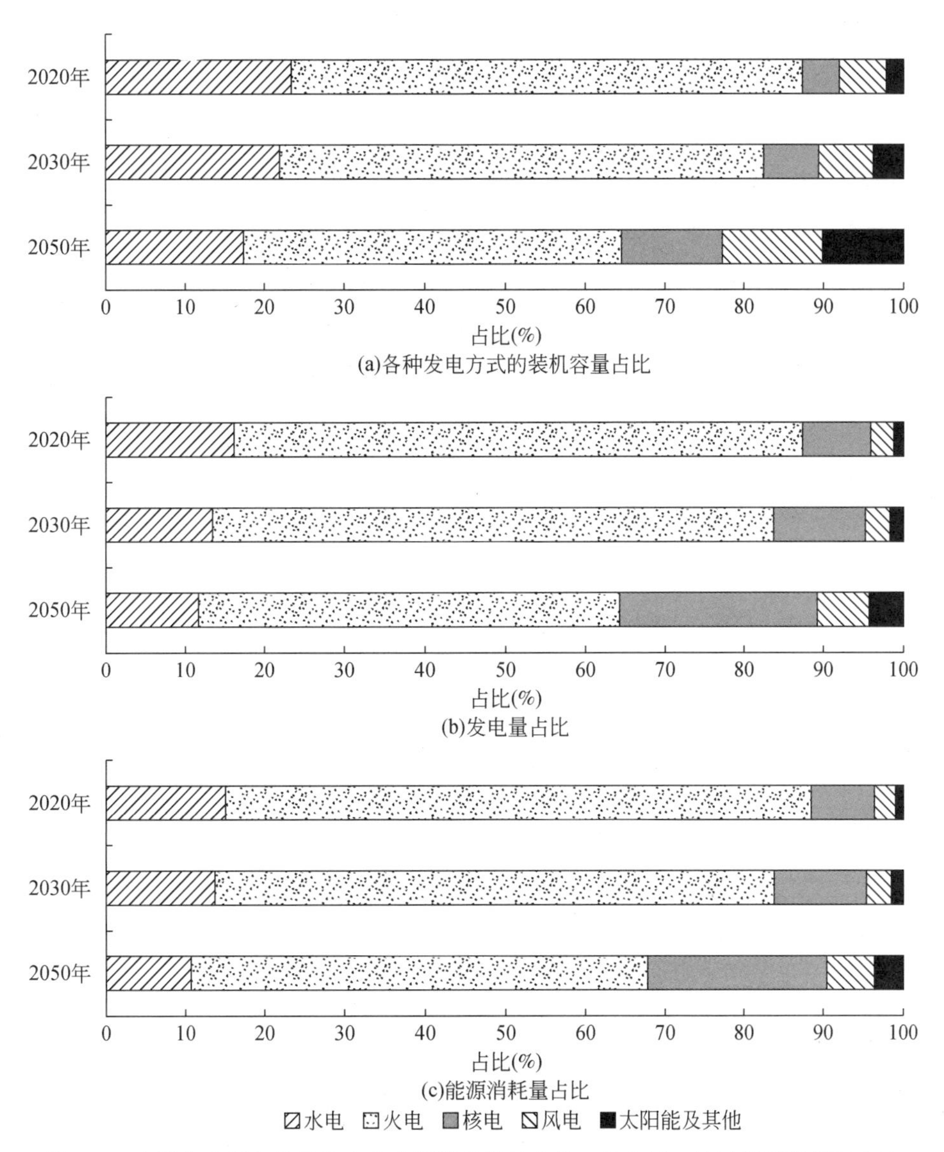

图 1-8　中国电力行业各种发电方式的装机容量占比、发电量占比及能源消耗量占比

资料来源：中国能源中长期发展战略研究项目组，2011

电力行业的节能减排方式主要有两类：一是针对化石燃料电站的低碳节能技术（实现降低供电煤耗、降低线损率）、低碳燃料发电、二氧化碳捕获封存及资源化利用等；二是采用非化石能源的二氧化碳零排放发电技术，包括可再生能源发电和核能发电等。经中国电力企业联合会的初步统计，以 2005 年为基准年，2006 ~ 2014 年电力行业通过发展非化石能源和推广低碳节能技术（实现降低供电煤耗和降低线损率）等措施累计减排二氧化碳约为 60 亿吨（中国能源中长期发展战略研究项目组，

2011)，其中降低供电煤耗、提高发电效率是实现节能减排最重要的手段，对二氧化碳的累计减排贡献达到51%（王志轩等，2015）（图1-9）。目前，中国电力行业最常见的提高发电效率的方式如下。

1）上大压小，以大容量高参数的先进机组替代落后、高能耗的小机组；

2）现役机组的技术改造和优化运行；

3）积极发展高效先进技术，如新建火电项目中采用更高参数的超超临界发电技术等。

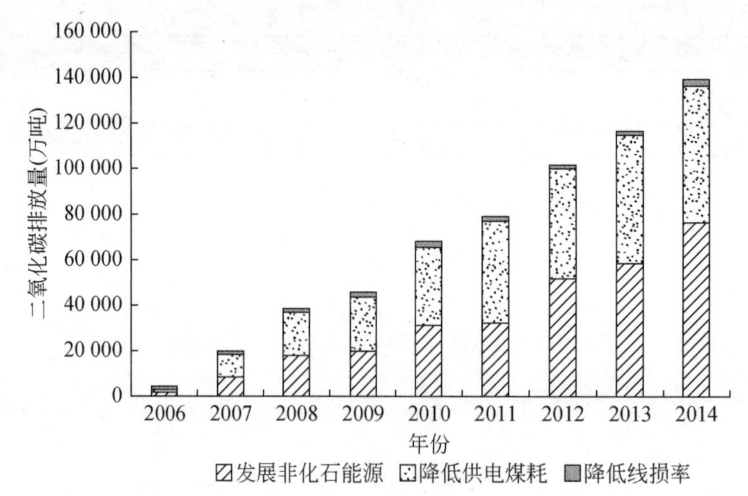

图1-9 各项措施减少电力行业二氧化碳排放情况（以2005年为基准）

资料来源：中国电力企业联合会，2015a，2015b

火电行业通过技术改造或升级实现二氧化碳减排的效果显著。例如，600兆瓦及以上超超临界机组的供电煤耗可降至280～290克/千瓦时，相比亚临界机组可节约标准煤30克/千瓦时，按照2013年火电发电设备利用小时（5021小时）[①] 计算，一套600兆瓦机组每年可节约标准煤超过9万吨，减排二氧化碳约为25万吨。同时，高参数大容量先进技术的单位造价与小机组基本持平，甚至有所降低，这是由于先进技术的能效高，其节约出来的燃料费可以抵消技术改造的投资，经济性能较好。见表1-3，化石燃料电厂通过技术改造和升级所造成的发电与节能减排成本最低。因此，推广高效、清洁、新型发电技术是电力行业节能减排的主要方向。

① 数据来自《2014中国电力年鉴》。

表 1-3　化石燃料发电二氧化碳减排成本比较

减排技术	发电成本（元/千瓦时）	单位电能二氧化碳减排量（克/千瓦时）	减排成本（元/吨）
低碳节能技术	0.30～0.40	60～175	-200～260
低碳燃料	0.38～0.50	550～600	75～285
碳捕集与封存	0.44～0.85	620～840	170～610

资料来源：郭焱和陈丽然，2014

四、火电行业的技术现状

根据上面的介绍可知，技术在火电行业的节能减排工作中占据重要的地位。以下详细介绍目前在我国火电行业具有代表性的成熟发电技术，主要包括：①亚临界技术；②超临界技术；③超超临界技术；④高参数、新型循环流化床燃煤锅炉（中国能源和碳排放研究课题组，2009）。

燃煤发电本质上是能量转换的过程（前瞻产业研究院，2015），首先，利用热力交换装置将煤炭燃烧过程释放的化学能转化为水的热能，使液态水变为水蒸气，而后高温高压的水蒸气推动汽轮机发电，蒸汽的温度和压力越高，发电的效率就越高。在 374.15 摄氏度、22.115 兆帕压力下，水蒸气的密度会增大到与液态水一样，这个条件叫做水的临界参数。亚临界技术、超临界技术和超超临界技术即是根据这个参数进行区分的。

1. 亚临界技术

低于上述临界压力（22.115 兆帕压力）的机组叫亚临界机组（北极星电力网新闻中心，2015）。亚临界火电机组蒸汽参数一般蒸汽压力 P=16 兆～19 兆帕，气体温度 T= 538 摄氏度/538 摄氏度或 T= 540 摄氏度/540 摄氏度。为了保障热力系统中的水、汽品质，避免发生腐蚀、结垢、积盐，需对水汽系统工质进行化学处理。目前亚临界技术在全国的火电机组中占重要地位，总的装机容量占比为 30% 左右，平均供电煤耗为 320 克/千瓦时（燕丽和杨金田，2010）。

2. 超临界技术

当蒸汽参数值大于上述临界状态点的压力和温度值时，则称其为超临界参数。一般超临界机组的蒸汽压力为 24 兆～26 兆帕，其典型参数为蒸汽压力 P=16 兆～19 兆帕，气体温度 T=538 摄氏度/566 摄氏度或 566 摄氏度/566 摄氏度，效率比亚临界机组高约 2%。超临界机组通常都是大机组，大多在 600 兆瓦以上。超临界火力发电由于气温和气压比较高，发电效率也较高，在全国的火电机组中占比较高，特别是新建机组多采用此节能技术，平均供电煤耗313克/千瓦时。一台600兆瓦的超临界机组一年可节约标准煤约为5万吨，相应的可减少7000吨灰和煤渣，以及大量二氧化硫、氮氧化合物的排放（周支柱，2010；王守坤，2011）。

3. 超超临界技术

超超临界机组实际上是在超临界参数的基础上进一步提高蒸汽压力和温度，国际上通常把主蒸汽压力在24.1兆~31兆帕、主蒸汽/再热蒸汽温度为580摄氏度~600摄氏度/580摄氏度~610摄氏度机组定义为高效超临界机组，即通常所说的超超临界机组。我国主要的超超临界机组参数为：主蒸汽 $P=25$ 兆~26.5兆帕、$T=600$ 摄氏度/600摄氏度。超超临界机组效率比超临界机组再提高2%~3%，若再提高其主汽压力到28兆帕以上，效率还可再提高约2个百分点，其供电煤耗低于300克/千瓦时，是未来新增装机机组的主要发展方向（乌若思，2006；李亚春等，2008；纪世东等，2011）。

由表1-4可知，发电技术水平和机组的单机装机容量有密切关系，随着其机组主蒸汽压力的增加，单机装机容量相应增大（樊泉桂，2006；顾先青等，2009；燕丽和杨金田，2010）。近年来，我国小火电机组的比例逐年下降，2012年已减少到2005年的一半，大容量、高参数的发电机组比例逐年增加，火电发电结构和技术也随之优化（图1-10）。

表1-4 不同类型煤电机组发电技术水平比较（2013年）

容量等级（万千瓦）	发电效率（%）	供电煤耗（克/千瓦时）	主要机组类型
全部机组	—	315.75	全部机组
≥100	48	290.65	超超临界
60≤机组<100	41	312.89	超临界
30≤机组<60	38	319.66	亚临界
20≤机组<30	35	360	超高压
10≤机组<20	33	390	高温高压
<10	27	460	中温中压

随着单机装机容量相应增大，其匹配的先进技术也更加广泛地应用在新增机组和升级改造的旧机组中。特别是超临界和超超临界技术，其煤耗低、环保性能好、技术含量高等特点，使其在经济合作与发展组织（Organisation for Economic Co-

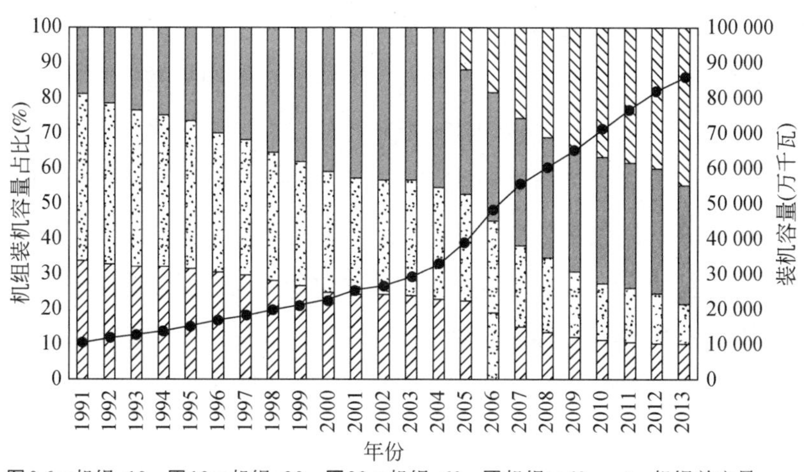

图 1-10 中国火电行业（燃煤）各容量机组的装机容量占比（1991～2013 年）

资料来源：中国能源和碳排放研究课题组，2009；魏伟等，2015；中国电力企业联合会，2015a；Liu et al.，2015

operation and Development，OECD）得到广泛认可和推广，也成为中国新建燃煤电厂的有限技术选择。见表 1-5，最先进的超超临界技术比亚临界技术，能耗低、效率高、二氧化碳排放少，对节省燃料及减排将发挥重要的作用。2007 年我国百万千瓦级超超临界技术的机组 7 台，仅占全国总装机容量的 1%；而 2010 年我国已成为世界上拥有超超临界火电机组最多的国家，全国已运行的百万千瓦超超临界火电机组达到 32 台；截至 2014 年 7 月中旬，全国范围内已投产的单机容量百万千瓦超超临界火电机组共有 68 台，居世界首位。我国自主研发的 100 万千瓦“带二次再热的 700 摄氏度以上参数超超临界锅炉”技术，供电煤耗约为 272 克/千瓦时，与 2011 年全国火电机组平均供电煤耗相比，每台机组每年可节约标准煤为 58.2 万吨，直接减排二氧化碳约为 96 万吨，为实现节能减排目标提供了有力的支撑（中国能源和碳排放研究课题组，2009；吴晓蔚等，2011；周颖等，2011；米国芳和赵涛，2012；戴攀等，2013）。

表 1-5 化石燃料火电机组性能

蒸汽循环	亚临界	超临界	超超临界	超超临界（AD700）
总效率（%）	43.9	45.9	47.6	49.9
二氧化碳排放（吨/时）	381	364	352	335
二氧化碳排放（吨/兆瓦时）	0.83	0.80	0.77	0.73

资料来源：中国能源和碳排放研究课题组，2009

4. 超高参数、新型循环流化床燃煤锅炉

按照锅炉燃烧方式，我国煤电机组主要采用煤粉炉和沸腾炉，沸腾炉主要采用循环流化床锅炉。循环式流化床技术用氧气代替空气，可以更灵活地控制温度范围，获得更高的效率，从而达到二氧化碳减排的目的。循环流化床锅炉采用了高效、节能、低污染的外循环流化床锅炉燃煤新技术，具有燃料适应性广、燃烧效率高、高效脱硫、氮氧化物排放低、结构简单、操作方便等诸多优势。特别值得一提的是，循环式流化床技术的燃料适应性和低排放的特点，非常适合在以煤为主的能源结构和煤种多样、煤质复杂、煤种多变及多高硫煤、低质煤与煤矸石的中国推广。因此，中国政府大力推动大容量高参数的循环式流化床技术的发展。循环式流化床锅炉机组在中国火力发电的总容量结构中，已日益占有越来越重要的地位。中国现已成为世界上循环式流化床机组数量最多、总装机容量最大和发展速度最快的国家，目前300 兆瓦级亚临界参数循环流化床锅炉已大批量投入商业运行（中国能源和碳排放研究课题组，2009）。

为了适应火电技术高效节能和二氧化碳减排的要求，循环流化床技术也必须向更高参数和更高效率的超临界方向发展。中国在四川白马电厂兴建了世界上第一台容量最大的600 兆瓦电力超临界循环流化床锅炉，并于2013 年4 月14 日正式投入运行，设计循环效率达43. 2%，烟气氮氧化物排放浓度低于160 毫克/标准立方米，烟气二氧化硫排放浓度低于380 毫克/标准立方米，脱硫率为96. 7%。其电厂效率比目前普遍采用的亚临界300 兆瓦循环流化床电站高2%~4%，平均可达40%~42%，脱硫、脱硝等综合效益也更佳。循环流化床锅炉将长期作为常规燃煤发电的重要补充，持续得到快速发展，800 兆瓦电力超超临界循环流化床锅炉技术也在“十二五”期间得以规划发展。

五、火电行业小结

我国正处于经济快速增长、工业化与城镇化快速发展的重要时期，电力行业特别是火电在社会发展、国民经济建设中起到了至关重要的作用，但同时，我国的生态环境问题已非常严峻，资源的不均衡和区域化发展的不平衡也对火电的发展起到了制约作用。如何在满足需求的同时兼顾能源和环境问题，是火电行业面临的巨大挑战。虽然其目前已经采取了一定的节能减排措施，单位产量的能耗和排放水平均有不同程度的下降，但是要实现“十三五”规划期间中国的节能减排目标，火电行业肩负着巨大的减排任务。除了全行业范围内的经济结构调整和能源结构调整外，行业自身的技术结构升级和调整对于节能减排也具有重要意义。通过技术升级，提高效率和降低煤耗，能够实现节能减排的目的，同时其经济性也是可行的。因此，有必要结合技术比例、技术参数和成本等因素，重点分析火电行业不同技术所具有的减排潜力，定量化描述先进技术能够带来的减排效果，科学提出适合我国火电行业的低碳发展路径。

第二节　钢 铁 行 业[①]

一、钢铁行业的能耗与排放情况

随着中国钢铁工业的快速发展，巨大的能源消耗、碳排放和环境问题也日益突显。

2013 年，黑色金属工业（以钢铁工业为主）的能源消耗量为 79 203 万吨标准煤，为 2000 年的 3.9 倍，年均增长 22.4%（图 1-11）。2013 年，黑色金属工业能源

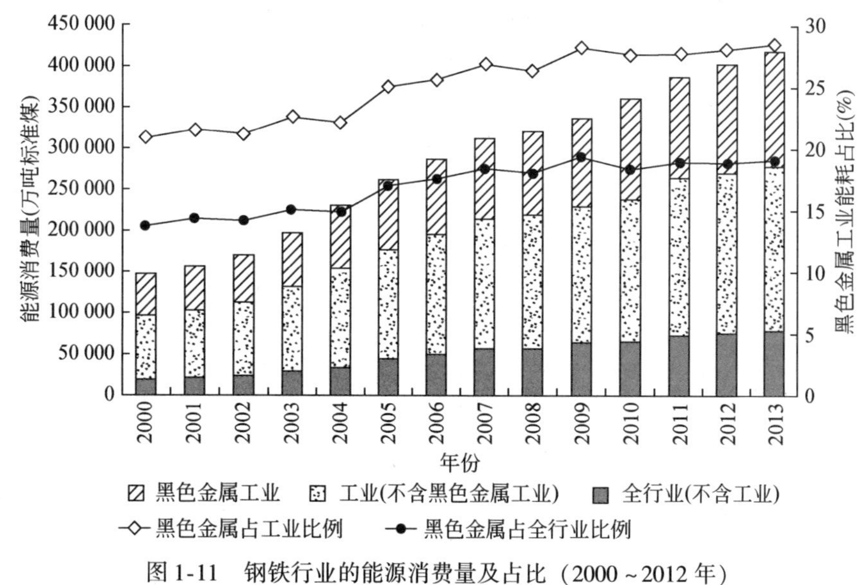

图 1-11　钢铁行业的能源消费量及占比（2000 ~ 2012 年）

资料来源：2001 ~ 2014 年《中国能源统计年鉴》

① 本节作者：苏昕。

消耗占工业的28%，占全行业的19%，分别比2000年增加了8个百分点和5个百分点。虽然钢铁工业也采取了一定的节能减排措施，综合能耗从2005年的694.0千克标准煤/吨钢下降到2010年的604.6千克标准煤/吨钢（中国金属学会和中国钢铁工业协会，2012），但是与世界先进水平相比，中国的各工序能耗仍然较高，仍具有一定的下降空间（表1-6）。

表1-6 中国部分钢铁企业各工序能耗统计（2012年1～6月）

项目	烧结	球团	焦化	炼铁	转炉	电炉	轧钢
平均（千克标准煤/吨钢）	50.54	29.67	105.93	401.46	-5.28	67.83	59.62
最低（千克标准煤/吨钢）	23.35	14.12	61.54	340.8	-21.61	23.18	27.02
最高（千克标准煤/吨钢）	65.85	54.56	184.73	466.61	30.98	181.54	167.94
2011年平均	54.34	29.73	106.65	404.07	-3.21	69.00	60.93
占行业总能耗比例（%）	6.06	0.49	14.69	48.17	2.72	3.68	9.60
2012年与2011年相比（千克标准煤/吨钢）	-3.8	-0.04	-0.72	-2.61	-2.07	-1.17	-1.31
1999年国际先进水平（千克标准煤/吨钢）	58.89	—	128.1	437.93	-8.88	198.6	热：47.82 冷：80.28

除了能源消耗大，钢铁工业产生二氧化碳排放也是巨大的。已有研究表明（图1-12），

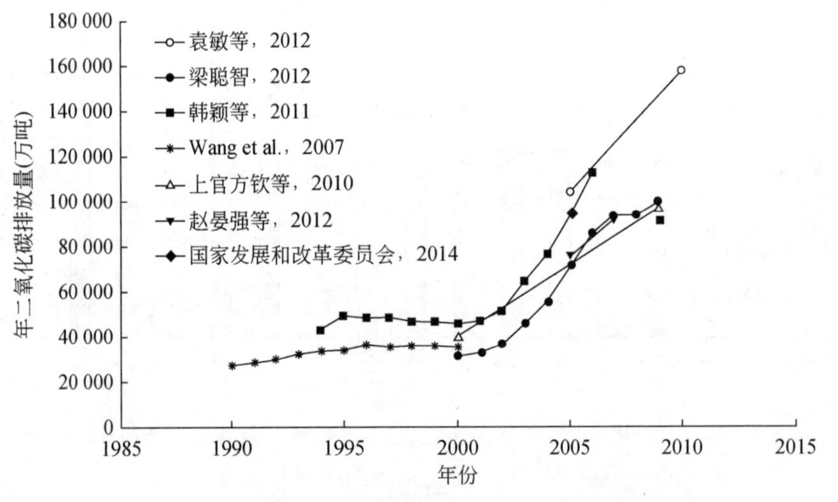

图1-12 各研究估算的中国钢铁行业二氧化碳排放量

资料来源：Wang et al.，2007；国家发展和改革委员会，2014；上官方钦等，2010；韩颖等，2011；梁聪智，2012；袁敏等，2012；赵晏强等，2012

中国钢铁行业的二氧化碳排放量在2000年为3.5亿~4.5亿吨，而到2009年，该值上升到10亿吨，年均增长16.7%。与此同时，钢铁行业的碳排放量占中国人为源碳排放量的比例从2000年的12.2%上升到2009年的14.1%（根据图1-12数据计算），而在世界范围内，钢铁行业的碳排放量占全球人为源碳排放总量的5%~6%（徐匡迪，2010），由此可见，与世界其他国家相比，中国钢铁行业的碳排放量比例较高。

二、钢铁行业的减排目标

由于钢铁工业消耗了大量的能源，产生了巨大的碳排放，因此，该行业的节能减排工作对我国未来兑现碳减排的承诺起着至关重要的作用。为此，国家各部委先后发布了一系列的政策规划和法律法规明确钢铁工业的节能减排目标和行动计划（详细内容可见附录B-2）。

根据《国民经济和社会发展第十二个五年规划纲要》《工业转型升级规划（2011—2015年）》，工业和信息化部制定了《钢铁工业“十二五”发展规划》（简称“钢铁十二五规划”）。“钢铁十二五规划”中指出，“十二五”规划期间，钢铁工业单位工业增加值能耗和二氧化碳排放量均要降低18%（表1-7）；并预测2015年中国的粗钢需求量为7.5亿吨，“十三五”规划期间粗钢需求量进入峰值，峰值为7.7亿~8.2亿吨。

表1-7　钢铁行业关键控制指标

指标	2005年	2010年	2015年	2020年
粗钢产量（亿吨）	3.5	6.3	7.5*	7.7~8.2*
单位工业增加值能耗降低（%）		23*	18*	
单位工业增加值碳排放降低（%）			18*	
重点企业吨钢综合能耗（千克标准煤）	694	605	≤580	
碳排放量（亿吨二氧化碳）				与“十二五”规划期末持平*

*为“十一五”规划、“十二五”规划期间值

资料来源：工业和信息化部，2011a；2011~2013年《中国钢铁工业年鉴》

与此相对应，国家发展和改革委员会制定的《国家应对气候变化规划（2014—2020年）》指出，2020年钢铁行业二氧化碳排放总量基本稳定在“十二五”规划期末的水平。

钢铁生产总量的控制目标表明了我国产业结构调整的决心和方向，这对钢铁工

业的节能减排是一个利好的消息。全行业的能源结构调整、技术升级进步、非化石能源的消费比例提高，对于进一步深化钢铁行业的减排效果，具有重要的意义。下面我们将聚焦在技术层面，调研总结我国钢铁行业现有的成熟技术，比较分析各种技术类型的情况，重点研究技术发展对节能减排的影响和作用。

三、钢铁行业的技术现状

目前国际上普遍采用的钢铁生产工艺包括以高炉炼铁和转炉炼钢为主的长流程工艺（简称长流程），以废钢和电炉炼钢为主的短流程工艺（简称短流程）。

1. 长流程生产技术

长流程大致可分为选矿、烧结、焦化、炼铁、炼钢、连铸、轧钢等工艺过程，长流程炼钢实际上是一个铁矿石不断被焦炭还原的过程（张春霞等，2010）。原煤经过炼焦工艺（也即焦化工艺）处理变为炼铁所需要的还原剂焦炭，而铁矿石则依据不同性状通过烧结或球团等工艺处理为炼铁的原材料，在炼铁高炉中，处理过的铁矿石与焦炭发生氧化还原反应，铁矿石被还原为铁水，铁水随后在转炉中，通过进一步脱碳并去除杂质，随后经凝固成型变为钢坯（连铸），最后经过热轧等工艺成为钢材。

2. 短流程生产技术

短流程从废钢开始进行冶炼，过程包括电炉炼钢、连铸、热轧（张春霞等，2010）。首先，将回收再利用的废钢进行破碎和分选加工。然后，经预热加入到电弧炉中，利用电能提供热量熔化废钢，去除杂质等。然后，通过二次精炼等得到合格的钢水。最后，经过和长流程一样的工艺（连铸和热轧）成为钢材。由于短流程在生产过程中省去了炼铁的过程，长、短流程的说法便因此而来。

3. 钢铁生产技术的发展趋势

比较短流程和长流程两种技术，前者在资源消耗、能源消耗和对环境的负荷等方面具有优势，研究表明，每生产1吨钢，短流程比长流程可节约113吨铁矿石，降低能耗350千克，减少二氧化碳排放114吨（不计过程中电力产生的二氧化碳排放），减少废渣排放600千克（Wang et al.，2007；上官方钦等，2010；张春霞等，2010；汪鹏等，2014）。但是我国目前短流程炼钢的比例仍较低。2013年，我国长流程和短流程生产的粗钢占比分别为91.2%和8.8%，而当年，世界范围内的长流程和短流程生产的粗钢占比分别为72.0%和27.5%（图1-13），中国的短流程炼钢的比例远远低于世界平均水平。

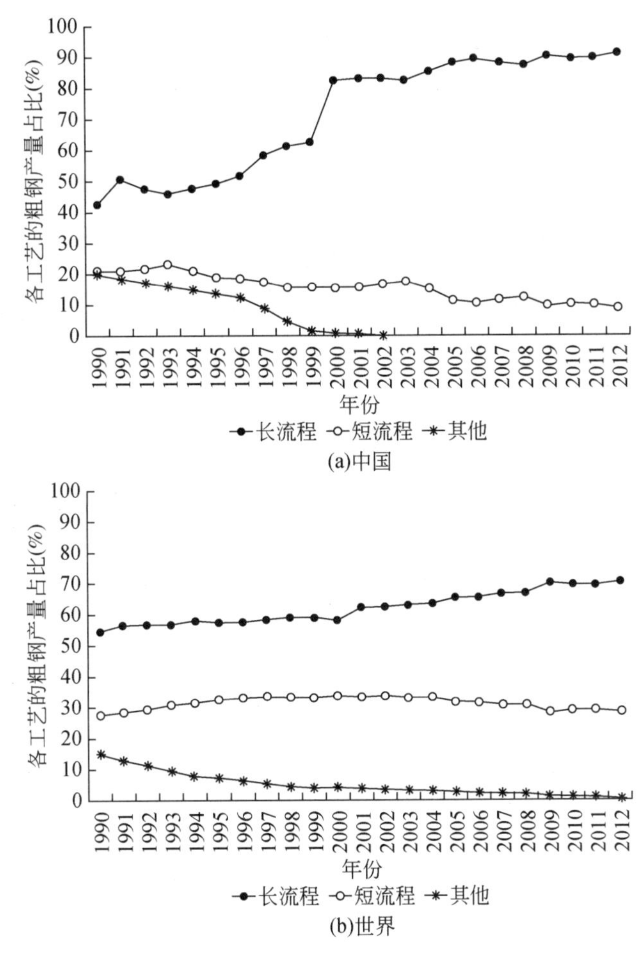

图 1-13　中国及世界粗钢产量的各技术占比情况

资料来源：2001–2012 *Steel Statistical Yearbook*，由 World Steel Association 编写

国内的钢铁企业大多采用长流程生产工艺，过程中存在大量的燃烧、熔炼、焙烧和加热过程，大大加剧了能源消耗和碳排放量。在长流程工艺中，氧化还原过程主要发生在高炉炼铁阶段，该阶段产生的碳排放量占到全工艺的 50% 左右（表 1-7），与此对应,短流程由于缺少炼铁的环节，其生产过程产生的直接碳排放则较低。根据已有文献计算（Wang et al. , 2007；上官方钦等, 2010；张春霞等, 2010；汪鹏等, 2014)，长流程工艺的吨钢碳排放量是短流程的 3 ~ 11 倍。这可以在一定程度上解释中国钢铁行业碳排放量占全行业的比例要高于世界平均水平这一现象。同时，这也说明，如果提高短流程生产技术的占比，在保证钢铁产能的情况下，可以进一步降低钢铁行业的碳排放量。

与此同时，制约我国短流程工艺快速发展的原因主要是短流程工艺在生产中需要消耗大量的废钢和电能。废钢方面，我国的废钢消耗量从2006年的6720万吨上升到2012年的8400万吨，其中社会采购量和企业自产量为两大主要来源（表1-8）。而与其他国家相比，我国的废钢进口量较低（表1-9），这可能受到国际废钢成本和各国短流程生产成本的影响。电耗方面，中国的工业电价从2008年的0.536元/千瓦时，上升到2012年的0.668元/千瓦时，年均增长达到5.7%（国网能源研究院，2014a）。此外，随着一次能源结构的调整，火力发电的比例不断下降，若采用风能、太阳能等非化石能源发电，则发电成本会进一步提升（中国燃煤电厂、风电和光伏发电的发电价格分别为0.042～0.081美元/千瓦时、0.081～0.097美元/千瓦时、0.14～0.16美元/千瓦时）。综合上述两方面（废钢和电耗），短流程技术未来在我国钢铁生产的技术占比仍不会占据主导地位。因此，未来发展短流程技术，一方面需要适当提高短流程技术的占比，另一方面要向着生产高附加值钢材和降低操作成本两个方面努力（傅杰等，2007）。

表1-8 中国历年废钢铁资源平衡情况统计（2006～2012年） （单位：万吨）

年份	废钢铁消耗量	废钢铁资源构成				
		企业自产量	社会采购量	进口补充量	废次材调出量	库存变化量
2006	6720	2750	3980	340	310	40
2007	6850	2780	4230	120	270	10
2008	7200	2860	4200	260	220	-100
2009	8310	3040	4580	1020	200	130
2010	8670	3300	5190	440	160	100
2011	9100	3560	5080	510	200	-150
2012	8400	3650	4420	370	150	-110

表1-9 全世界2012年主要废钢进口国和地区废钢进口量统计

国家和地区	2012年进口量（万吨）	国家和地区	2012年进口量（万吨）
土耳其	2 240	中国台湾地区	500
韩国	1 010	西班牙	430
印度	820	比利时	410
德国	550	美国	370
意大利	530	世界总计	10 480
中国	500		

资料来源：2011～2013年《中国钢铁工业年鉴》

四、钢铁行业小结

钢铁行业是国民经济的重要基础产业，在我国工业化、城镇化进程中发挥着重要作用。然而，钢铁行业在满足巨大市场需求的同时也消耗了大量的能源，带来了严峻的环境问题。虽然钢铁工业目前也采取了一系列的节能减排措施，使吨钢综合能耗和吨钢碳排放均有不同程度的下降，然而，钢铁行业目前仍是我国二氧化碳的高排放行业，要兑现我国未来 5 ~ 15 年的国家自主减排目标，钢铁行业肩负着巨大的减排任务。通过以上分析可知，除了全行业范围内的经济结构调整和能源结构调整外，钢铁行业自身的技术升级与结构调整对节能减排也具有重要意义，具体来说，未来一个阶段，如果以短流程为代表的低碳技术的比例有所提高，那么钢铁工业的减排效果将会进一步加大。因此，有必要结合技术比例、技术参数和成本等因素，定量化分析钢铁行业不同技术所具有的减排潜力，提出我国钢铁行业的低碳发展路径。

第三节 水泥行业[①]

一、水泥行业的重要性及现状

水泥是影响国民经济发展的资源型、基础性产品。中国水泥工业自 1985 年起，经过多年发展，产量已连续 30 年居世界第一位（中国水泥协会，2015）。2014 年全球水泥的总产量为 41.80 亿吨，全年增长率 4.31%。2014 年中国水泥的总产量为 24.76 亿吨，占全球总产量的 59.23%，全年增长率为 2.42%，其中水泥熟料产量为 14.17 亿吨，水泥熟料比为 57.21%（图 1-14），低于全球同期的增长率（附表 C-1）。从水泥生产在全国各省的分布来看，主要的产量仍然集中在京津冀、长江三角洲、珠江三角洲及重庆、四川等人口、建设密集的地区，西部地区及东北地区的水泥产量则较低[②]。

---

① 本节作者：汪鸣泉。

② 资料来源：2011 ~ 2014 年《中国统计年鉴》。

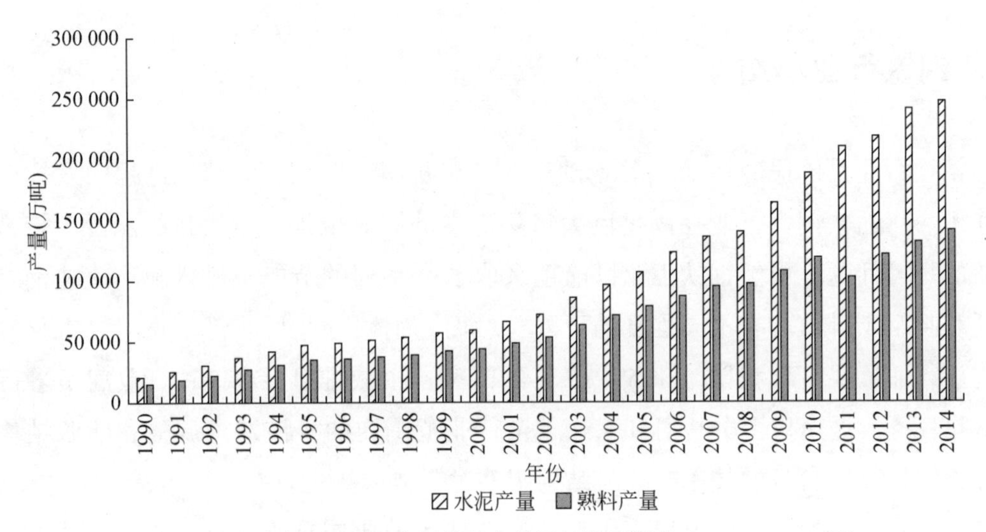

图 1-14 中国水泥产量和水泥熟料产量历年发展情况（1990 ~ 2014 年）

注：数据来自世界企业永续发展委员会的水泥可持续发展项目，全球水泥碳排放和能耗数据库（数据时间：2015 年），网址为 http：//www. wbcsdcement. org/index. php/key-issues/climate-protection/gnr-database；美国地质调查局的全球水泥产量数据库（数据时间：2015 年），网址为 https：//www. usgs. org

2014 年中国水泥全行业销售收入达到 9792. 11 亿元，全年年增长 0. 92%，并实现全行业利润总额为 780 亿元。与此同时，我国水泥行业经历多年发展，已形成若干大企业集团，水泥产量排名前 10 的生产企业，其产量达到全行业的 30%，并且这些企业已在全球几十个国家和地区成套地建成了 124 条生产线（中国水泥协会，2015）。

水泥工业的发展不仅是我国经济的重要一环，更是我国城镇化和基础设施建设过程当中最主要的一个产业。房屋建筑消耗的水泥占水泥总产量的约为 65%，基础设施建设约占 25%，其他占 10% 左右（Xu et al.，2015）。2014 年底，中国城镇化率达到 55%，高速公路总里程为 11. 2 万千米，高速铁路总里程为 1. 6 万千米，水库大坝数量达到 9 万个，整体的堤坝达到 25 万千米[①]。我国基础设施建设水平达到前所未有的高度。与此同时，2014 年，中国全年生产水泥量为 24. 76 亿吨，实际的生产能力则达到 33. 15 亿吨，开工率仅为 75%，低于全球 85% 开工率的水平（中国科学院碳专项水泥子课题组，2015）。根据国家统计局公布的数据显示，2014 年上半年全国水泥产量仅增长 3. 6%，状况低迷，为近十年新低；同时由于行业新增产能的不断

① 数据来自 2011 ~ 2014 年《中国统计年鉴》。

投放及全面的产能过剩，以及下游房地产新开工项目增量不足，水泥行业供给端压力增大，造成水泥价格的持续低迷。根据国家发展改革委员会的预测，水泥 2015 ~ 2020 年的需求，将呈现下降趋势（蒋小谦等，2012）。

二、水泥行业的能耗与排放情况

1. 水泥行业的能耗情况

水泥和水泥熟料的生产过程消耗了大量的能源，产生了巨大的二氧化碳排放。水泥生产过程中需要将石灰石、铁质原料等，加水拌和形成可胶结砂、石等材料的浆体，并通过部分或全部熔融，将生料煅烧成熟料等半成品，冷却后最终生成既能在空气中硬化，又能在水中硬化的粉末状、水硬性凝胶材料。因此，水泥生产的能耗排放与水泥的产量、水泥的熟料比、水泥的原料、生产工艺、燃烧过程中的燃料和电力等紧密相关。其中，水泥熟料比和水泥熟料的生产效率是我国水泥能耗水平的主要指标。2014 年我国的水泥熟料比仅为 57.21%，而欧洲 2010 年的水泥熟料比已超过 70%，美国近年的水泥熟料比更是接近 90%（表 1-10）。

表 1-10　全球及美国、中国水泥工业发展情况

区域	指标	2011 年	2012 年	2013 年	2014 年
全球	水泥产量（亿吨）	35.85	37.36	40.00	41.80
	水泥增速（%）	8.30	4.20	10.36	4.31
中国	水泥产量（亿吨）	20.99	21.84	24.16	24.76
	水泥熟料（亿吨）	12.81	12.79	13.62	14.17
	水泥熟料比（%）	62.11	58.53	56.39	57.21
美国	水泥产量（亿吨）	0.68	0.74	0.77	0.83
	水泥熟料（亿吨）	0.61	0.68	0.69	0.72
	水泥熟料比（%）	90.20	91.42	90.35	87.42

注：数据来自世界企业永续发展委员会的水泥可持续发展项目，全球水泥碳排放和能耗数据库（数据时间：2015 年），网址为 http://www.wbcsdcement.org/index.php/key-issues/climate-protection/gnr-database；2011 ~ 2014 年《中国统计年鉴》；以及相关研究文献和报告（Liu et al.，2015；Zhang et al.，2015；中国科学院碳专项水泥子课题组，2015）

水泥生产过程的能源消耗，主要包括煤炭等化石燃料燃烧和电力消耗。若以 2010 年公布的水泥综合能耗为 106.9 千克标准煤/吨水泥产量计算（Zhang et al.，2015），则 2013 年水泥行业共计消耗能源为 2.58 亿吨标准煤，占我国 2013 年总能源

消耗 37.5 亿吨标准煤的 6.88%。此外，若以 2010 年公布的水泥熟料单位产量综合煤炭燃烧能耗为 119.2 千克标准煤/吨水泥熟料及水泥单位产量电耗为 89 千瓦时/吨水泥熟料计算，则 2013 年水泥行业共计消耗煤炭为 1.62 亿吨标准煤，占我国 2013 年总煤炭消耗 24.75 亿吨标准煤的 6.55%，同时产生电力消耗为 1.21 亿兆瓦时。

2. 水泥行业的排放情况

水泥生产过程的二氧化碳排放，主要包括能源消费排放和工业过程排放。能源消费排放是指煤炭等化石燃料燃烧引起的直接排放和电力消耗引起的间接排放，主要的计算指标包括：实物煤、燃油等化石燃料燃烧产生的二氧化碳，替代燃料和协同处置的废弃物中所含的非生物质碳的燃烧产生的二氧化碳，净调入使用的电力与热力（蒸汽、热水）相应的生产环节产生的二氧化碳。工业生产过程排放是指原材料在生产过程中发生的除燃料燃烧之外的物理或化学变化产生的二氧化碳排放，包括原料碳酸盐分解产生的二氧化碳和生料中非燃料碳煅烧产生的二氧化碳（国家发展和改革委员会办公厅，2013）。

水泥行业二氧化碳排放的计算参数包括活动水平数据和排放因子数据。活动水平数据指产生二氧化碳排放相关的生产或消费活动数据，含水泥生产过程中各种化石燃料的消耗量、原材料的使用量、购入或外销的电量或蒸汽量等。排放因子数据指单位活动水平所产生的温室气体排放量，如生产每吨水泥熟料所产生的二氧化碳排放量、每千瓦时发电上网所产生的二氧化碳排放量等。此外，碳氧化率——燃料中的碳在燃烧过程中被氧化的百分比——也是水泥行业碳排放量计算的关键参数（国家发展和改革委员会办公厅，2013）。

根据国家发展和改革委员会能源研究所的研究，水泥工业生产过程的碳排放约占水泥行业碳排放总量的 50%，燃料燃烧的碳排放约占 45%，电力使用的间接碳排放约占 5%（蒋小谦等，2012）。

我国水泥行业的二氧化碳排放仅次于电力行业。根据国家发展和改革委员会能源研究所的预测，若计算水泥生产过程、煤耗和电耗排放，其总排放约占全国排放总量的 15%（蒋小谦等，2012）。国际上多家机构对水泥的排放做了大量研究。Liu 等（2015）的研究表明，2013 年中国工业化石能源燃烧与水泥生产的总排放量为 91.5 亿吨二氧化碳，其中水泥工业过程排放量为 6.56 亿吨二氧化碳（图 1-15）。如果按照水泥工业过程碳排放占总碳排放 50% 的折算比例来算，水泥工业过程排放，加上化石燃料燃烧引起的直接排放和电力消费引起的间接排放，总量达到 13.12 亿吨二氧化碳，约占我国总排放量 91.5 亿吨二氧化碳的

14.34%（Liu et al.，2015），与上述预测的15%基本一致。

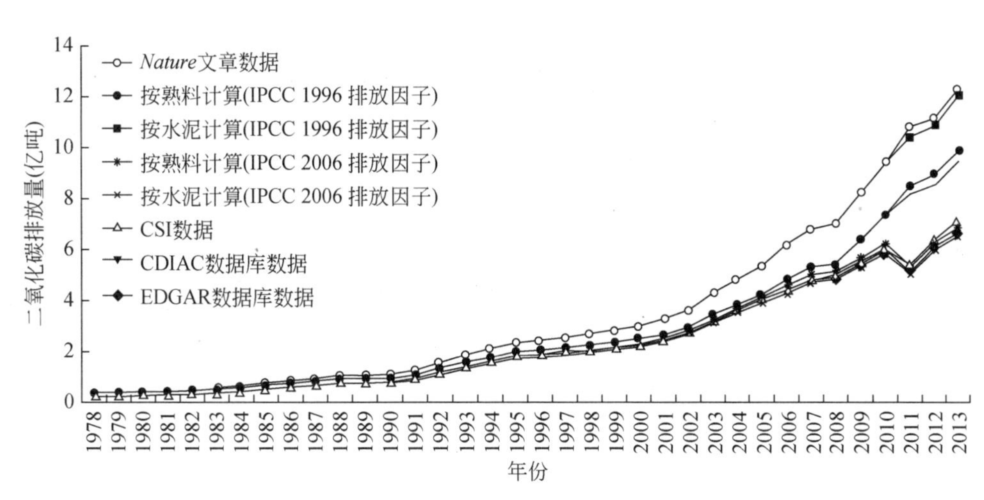

图 1-15　中国水泥工业过程二氧化碳排放量各机构核算值的比较

注：*Nature* 文章数据来自 Liu et al.（2015），CSI 指世界水泥可持续发展促进会（Cement Sustainbility Initiative），CDIAC 和 EDGAR 是国际通行的碳排放数据库

三、水泥行业的减排目标

根据《国家应对气候变化规划（2014—2020年）》中的要求，到2020年，非化石能源占一次能源消费的比例到15%左右，单位国内生产总值二氧化碳排放比2005年下降40%～45%，其中要求2020年水泥行业二氧化碳排放总量基本稳定在“十二五”规划期末的水平（国家发展和改革委员会，2014b）。为达到以上综合减排和行业减排目标，国家发展和改革委员会能源所针对水泥行业减排，制定了一系列的水泥行业减排关键控制性指标（表1-11）。

表 1-11　水泥行业关键控制指标

编号	指标	指标单位	2005年	2010年	2015年	2020年
1	水泥总产量	亿吨	10.6	18.7	22.7	20.5
2	水泥熟料单位产量综合煤炭燃烧能耗	千克标准煤/吨水泥熟料	137	98	88	83
3	新型干法水泥比例	%	45	81	95	100
4	水泥熟料单位产量综合电力消耗	千瓦时/吨水泥熟料	95	90	85	80

资料来源：蒋小谦等，2012

国家发展和改革委员会提出的水泥行业关键控制性指标中指出，预计到2020年水泥总产量为20.5亿吨。这就意味着在“十三五”规划期间我国水泥行业需要淘汰近5亿吨的落后产能，约为现有产能的20%。此外，关键控制性指标中，还明确要将水泥熟料单位产量综合煤炭燃烧能耗从目前的约93千克标准煤/吨水泥熟料（高于国际先进水平11%～20%），下降至2020年的83千克标准煤/吨水泥熟料，相比2005年进一步下降34%。水泥熟料单位产量综合电力消耗将从目前的93千瓦时/吨水泥熟料降至80千瓦时/吨水泥熟料，同时新型干法水泥的比例从2013年的约91%，进一步全面覆盖，达到100%（表1-11）。

在关键控制性指标中，新型干法水泥比例是技术升级的关键指标，这表明了新技术的比例是已有产能的升级改造、落后产能的淘汰、新技术产能投产的综合指标。新型干法水泥比例又决定了水泥熟料单位产量综合煤炭燃烧能耗、水泥熟料单位产量综合电力消耗两个指标。可见，水泥技术的提升是实现水泥行业到2020年，单位国内生产总值二氧化碳排放量比2005年下降40%～45%目标的主要抓手。根据国际水泥协会和欧洲水泥协会的预测，突破性的技术减排可以实现全球范围水泥生产总减排潜力的58.1%（The European Cement Association，2013）。

因此推广新型干法等先进技术是水泥行业节能减排的主要趋势。但同时也要综合考虑低碳技术的现状、减排潜力、成本投入等因素，来进行水泥行业低碳技术的评估。

四、水泥行业的技术现状

全球水泥统计中一般将水泥分成新型干法（含预热器、分解炉的干法工艺）、普通干法（不含预热器或分解炉的干法工艺）、湿法/立窑、干湿法结合窑、其他混合窑。2014年的全球水泥统计数据显示，新型干法（含预热器、分解炉的干法工艺）的比例在全球水泥产量中的占比最高，达到73.7%；普通干法（不含预热器或分解炉的干法工艺）的占比达到18.1%，湿法/立窑的占比最低为1.9%，其他混合窑占比为3.2%，干湿法结合窑占比为3.1%[①]。

我国的水泥生产技术按照水泥生产的窑种不同，可以大致分为立窑技术和旋转

① 数据来自世界企业永续发展委员会的水泥可持续发展项目，全球水泥碳排放和能耗数据库（数据时间：2015年），网址为 http：//www.wbcsdcement.org/index.php/key-issues/climate-protection/gnr-database。

窑技术两类。立窑技术又可以分为湿法生产技术和半干法生产技术。旋转窑技术是相对较新的技术，根据生产工艺的不同，产品又可分为普通干法和新型干法水泥生产技术（图 1-16）。

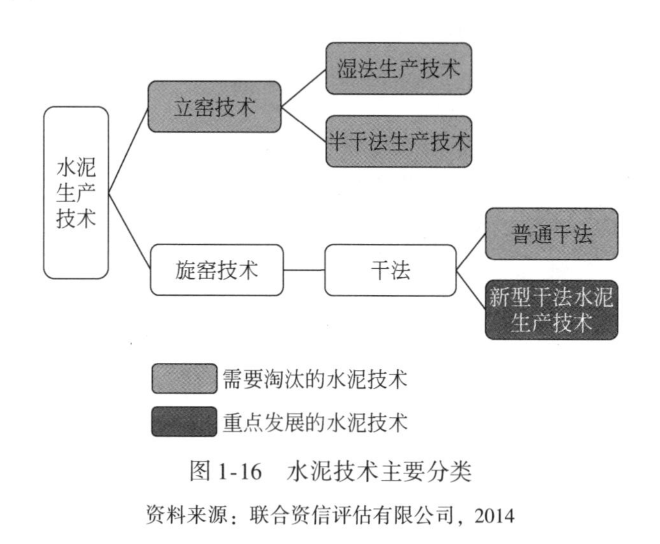

图 1-16　水泥技术主要分类

资料来源：联合资信评估有限公司，2014

根据 2010 年 Worrell 等对中国 200 多家水泥企业的调查显示，新型干法水泥生产技术的水泥熟料单位产量综合煤炭燃烧能耗达到 115 千克标准煤/吨水泥熟料，而立窑技术的水泥熟料单位产量综合煤炭燃烧能耗则高达 137 千克标准煤/吨水泥熟料，其他水泥生产技术的水泥熟料单位产量综合煤炭燃烧能耗更高达 167 千克标准煤/吨水泥熟料（Zhang et al.，2015）。

因此要研究水泥行业的低碳发展路径，先要对不同生产技术的发展现状和历史发展趋势进行分析。

（一）新型干法水泥生产技术

我国已全面掌握了大型新型干法水泥生产技术等先进生产技术，并具备了成套装备的制造能力。新型干法水泥生产技术生产的水泥量占到国内水泥总产量的 93%，产品结构不断优化，技术装备达到世界先进水平，总体产能规模和单线生产能力不断扩大，技术水平不断提升。水泥的大型原料均化、预分解窑节能煅烧、节能粉磨、自动控制及工程设计和装备制造等方面达到或接近世界先进水平（国家工业和信息化部，2011b）。

新型干法水泥生产技术，即以悬浮预热和预分解技术为核心，利用现代流体力学、燃烧动力学、热工学、粉体工程学等现代科学理论与技术，并采用计算机及其网络信息技术进行的水泥生产综合技术。新型干法水泥生产技术采用石灰石堆场、原辅料均化堆场、燃煤均化堆场、生料均化库及带有一定均化功能的水泥库等一系列均化设施，新型干法水泥生产技术的烧成系统主要分成预热器和分解炉、回转窑及篦冷机三个部分。预热主要用于预热生料，并分解碳酸钙，双喷腾主炉采用大蜗壳的进风方式，分别由五级低压损三心大旋壳组成，以延长物料的存留时间，并充分预热，旋流预热室的在线喷腾分解炉流场可通过自动化学习来提高燃尽率和分解率（Shen et al.，2014；刘立涛等，2014；魏军晓等，2014；中国科学院碳专项水泥子课题组，2015）。

新型干法水泥生产技术在原料综合利用和预均化、粉磨、烧成、无烟煤利用、环境保护和软件开发等技术方面取得了突出的成就，因此，这使新型干法水泥生产技术在质量上相比其他技术有重大提升，其逐渐取代了立窑技术、湿法生产技术、干法中空窑生产技术及半干法生产技术（中国科学院碳专项水泥子课题组，2015）。

根据中国科学院战略性先导科技专项“应对气候变化的碳收支认证及相关问题”（XDA05000000）（简称碳专项）中项目一“能源消费与水泥生产排放”的水泥子课题调查结果显示，4 年共计调查 20 个省份全流程新型干法水泥生产线 197 条、立窑生产线 70 条，基本实现水泥行业的技术全覆盖。调查结果显示，在全流程新型干法水泥生产线中，5000 吨/天及以上规模生产线吨熟料标准煤耗一般低于 110 千克标准煤/吨水泥熟料，2500 吨/天生产线一般低于 115 千克标准煤/吨水泥熟料，2500 吨/天以下在 115 ~ 125 千克标准煤/吨水泥熟料之间（Shen et al.，2014；刘立涛等，2014；魏军晓等，2014；中国科学院碳专项水泥子课题组，2015），可见，要达到国家发展和改革委员会的控制性指标 2020 年生产线吨熟料标准煤耗下降至 83 千克标准煤/吨水泥熟料的目标，仍然需要进一步提升现有技术的能效、碳效。

（二）其他水泥生产技术

目前我国的水泥生产技术中，明确需要淘汰的技术包括采用立窑水泥生产技术湿法和半干法生产水泥的技术，在条件允许的状况下，进一步淘汰旋转窑技术中的普通干法。相比新型干法，这些技术的水泥生产工艺相对落后，传统的立窑机立窑一般产能规模为 400 吨/天和 800 吨/天，经过改造的建通窑一般也在 1000 ~ 1500 吨/天。

1. 立窑水泥生产技术：湿法、半干法

立窑水泥生产技术是指区别于回转窑工艺进行熟料生产的一种方式。根据水分

的不同，立窑水泥生产技术分为湿法、半干法。采用立窑水泥生产技术生产水泥时，熟料煅烧产生的窑灰，是不完全煅烧且不回窑的（Shen et al.，2014；刘立涛等，2014；魏军晓等，2014；中国科学院碳专项水泥子课题组，2015）。

根据碳专项中项目一“能源消费与水泥生产排放”的水泥子课题调查结果显示，基于生料碳酸盐法的立窑排放因子区间多为480～500千克二氧化碳/吨水泥熟料，而实际的立窑排放因子由于立窑水泥生产技术熟料煅烧工艺的不完全，用生料碳酸盐法进行立窑水泥生产技术的二氧化碳排放计算时，要对不完全煅烧和不回窑的窑灰排放进行扣除（Shen et al.，2014；刘立涛等，2014；魏军晓等，2014；中国科学院碳专项水泥子课题组，2015）。

自从20世纪90年代以来，工业化国家均已逐渐淘汰立窑水泥生产技术，来改用新型干法水泥生产技术等旋转窑技术进行生产。然而，我国仍有部分省份，受限于生产技术、资源存储、开采等原因，保留了立窑水泥生产技术这种落后的生产工艺。因此这一窑型，仍将在未来一段时间内，存在于我国部分地区。

2. 混合窑水泥生产技术

混合窑水泥生产技术，即是指根据水泥生产地的特殊情况，综合使用，并建立相对临时性的窑进行水泥生产的一种生产工艺。混合窑的选用，往往是根据当地资源情况、原料的种类和性质，以及采用的主要生产设备和工厂规模来确定的（Shen et al.，2014；刘立涛等，2014；魏军晓等，2014；中国科学院碳专项水泥子课题组，2015）。

在确定某一种工艺流程时，应特别采用先进的、成熟的和适用的技术与设备，注意生产技术管理方便、降低基础设施建设投资和降低水泥生产成本等问题，同时还要考虑到生产工艺上的几个重要条件，即高效的粉磨设备，均匀的生料质量，优良的熟料烧成，合理的余热利用和动力使用，经济的运输流程，较高的劳动生产率与有效的防尘、收尘措施，最少的占地面积及最低的生产流动资金等。因此，工艺流程应通过不同方案的分析比较加以确定。

（三）水泥生产技术的发展趋势

以旋窑技术中的新型干法水泥生产技术发展，来带动对传统立窑、机立窑生产线的大规模替代，是未来水泥行业实现节能减排的重要抓手。2005～2010年，全国水泥行业累计淘汰落后产能为3.4亿吨，其中2005年新型干法窑比例为45%，较2000年上升24个百分点，2010年新型干法窑比例进一步达到81%。据不完全统计，2012年全国全流程新型干法生产线为1637条，2015年接近1700条（中国科学院碳专项水泥子课题组，2015）。2013年新型干法窑比例已达到91%，并在2015年达到96%。

2009～2014年，国家发展和改革委员会、工业和信息化部、国家质量监督检验检疫总局、环境保护部等颁布大量政策，明确淘汰利用水泥立窑、干法中空窑（生产高铝水泥、硫铝酸盐水泥等特种水泥除外）、立波尔窑、湿法窑生产熟料的企业，并对其用电价格实行在现行目录销售电价基础上每千瓦时加价0.40元，同时要求各地新增水泥产能不得低于4000吨/天（国家发展和改革委员会，2014a）。

推广规模化的大型新型干法生产线是水泥行业实现节能减排的主要趋势。一般来说，水泥生产线达到2500吨/天以上，可取得较好的节能减排效果。规模化的生产线可推广低温余热发电项目等节能措施。一般来说，低温余热发电项目提供的电力，可以回收并满足30%以上的生产用电需求。

对新增水泥产能的要求也反映了水泥生产线规模对节能减排的影响。20世纪90年代初期，超过1000吨/天的新型干法生产线即为大型生产线，90年代末期，4000吨/天的生产线才能称之为大型生产线。目前，一般认为达到5000吨/天的生产线才能称之为大型生产线。国内目前最大的生产线已达到12 000吨/天，如中国建筑材料集团有限公司徐州贾汪的2号生产线，安徽海螺集团有限责任公司芜湖工厂的5、6号生产线等。然而，超过5000吨/天的生产线节能减排效果并不较5000吨/天更为显著，故目前5000吨/天全流程新型干法生产线成为中国水泥生产线的主流。根据实际运行情况，5000吨/天的大型生产线在低温余热发电方面的成效最为明显，一般可以解决1/3左右的生产用电需求，同时在收尘、单位熟料、水泥的能耗效果等方面更为明显（中国科学院碳专项水泥子课题组，2015）。

五、水泥行业小结

水泥行业的节能减排与低碳技术发展密不可分。2005年新型干法水泥生产技术的比例为45%，水泥熟料单位产量综合煤炭燃烧能耗为137千克标准煤/吨水泥熟料，水泥熟料单位产量综合电力消耗为95千瓦时/吨水泥熟料。2010年新型干法水泥生产技术的比例上升为81%，水泥熟料单位产量综合煤炭燃烧能耗下降为98千克标准煤/吨水泥熟料，水泥熟料单位产量综合电力消耗下降为90千瓦时/吨水泥熟料（蒋小谦等，2012）。

研究表明新型干法水泥生产技术不仅在综合能耗强度上的表现好于其他生产技术，其自身的综合煤炭燃烧能耗也呈现逐年下降的趋势如图1-17所示，从2005年

124 千克标准煤/吨水泥熟料逐年下降到 2010 年的近 110 千克标准煤/吨水泥熟料。而同时期 2010 年的立窑技术生产工艺的水泥熟料单位产量综合煤炭燃烧能耗接近 150 千克标准煤/吨水泥熟料（Shen et al. , 2014；刘立涛等, 2014；魏军晓等, 2014；中国科学院碳专项水泥子课题组, 2015）。

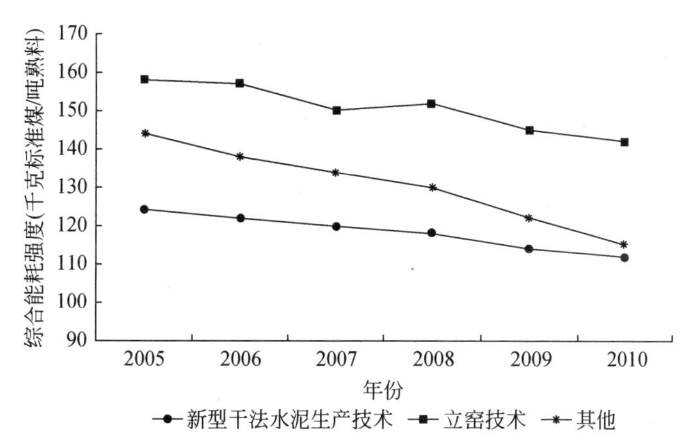

图 1-17　不同水泥生产工艺的水泥熟料单位产量综合煤炭燃烧能耗

资料来源：Shen et al. , 2014；刘立涛等, 2014；魏军晓等, 2014；中国科学院碳专项水泥子课题组, 2015

以上的研究表明，新型干法水泥生产技术的发展关系到水泥行业整体的节能减排。在未来一阶段时间，新型干法水泥生产技术的比例将会进一步提高，但与此同时，新型干法水泥生产技术的推广也带来了淘汰落后产能所产生的一次性投入和生产成本变化等问题。

因此有必要结合技术减排的效果，对我国的水泥工业减排进行深入分析，以明确不同技术投入、技术结构对减排潜力和成本的影响，从而更科学地提出适合我国水泥工业特征的减排技术方法。

第四节　本 章 小 结

火电、钢铁和水泥三个行业是我国国民经济发展的重要基础产业。2013 年，火电行业的装机容量和发电量分别为 8.62 亿千瓦和 53 721 亿千瓦时，分别占全国总装机容量和总发电量的 69.13% 和 78.59%①。2013 年，中国的粗钢产量达到 8.2 亿吨，

① 数据来自《2014 中国电力年鉴》。

占到世界的49.8%（The European Cement Association，2013）；钢铁工业的工业销售产值达到61 353亿元，占当年全国工业销售总产值的6.02%①。2014年，中国水泥的总产量为24.76亿吨，占全球总产量的59.23%②，销售收入达到9792.11亿元，并实现全行业利润总额为780亿元（中国水泥协会，2015）。

然而，这三个行业的快速发展又带来了严峻的能源问题和环境问题。2013年，火电、钢铁、水泥三个行业的能源消耗量约为23.4亿吨标准煤，已约占我国总体能源消耗量41.7吨标准煤的56%，三个行业既是煤炭消耗大户又是能源消耗大户。与此同时，火电、钢铁、水泥三个行业的二氧化碳排放量约为70.4亿吨，已约占我国总体排放量91.5亿吨二氧化碳的77%。我国向世界承诺了国家自主减排目标：到2020年，单位国内生产总值二氧化碳排放比2005年下降40%~45%（国家发展和改革委员会，2014c）。而这三个行业的节能减排将直接关系到我国能否兑现这个目标。通过本章的分析可知，除了全行业范围内的经济结构调整和能源结构调整外，这三个行业自身的技术升级与结构调整对节能减排也具有重要意义。目前，在这三个行业中，最先进与最落后的生产技术并存。2013年，火电行业装机容量大于60万千瓦的设备比例仅为44.92%，而相对落后的装机容量小于10万千瓦的设备比例为10.05%。2013年，钢铁行业中长流程技术比例高达91.2%，而相对先进的短流程技术比例仅为8.8%。2013年，水泥行业中新型干法水泥生产技术比例占到91%，其他相对落后的生产技术比例为9%。先进的生产技术意味着更高的能效和更少的能源消耗，进而带来更低的碳排放量，因此，进一步提升这三个行业先进生产技术的比例，对完成我国到2020年，单位国内生产总值二氧化碳排放比2005年下降40%~45%的目标有重要意义。

因此，本书旨在通过特定的方法，定量化评估技术结构的改变对这三个行业碳排放总量的影响、单位国内生产总值碳排放量的影响及相应的成本变化，判断这三个行业自身能否实现到2020年，单位国内生产总值二氧化碳排放比2005年下降40%~45%的目标，并期望提出适合我国火电行业、钢铁行业和水泥行业的低碳发展路径。

---

① 数据来自《中国统计年鉴-2014年》。

② 数据来自世界企业永续发展委员会的水泥可持续发展项目，全球水泥碳排放和能耗数据库（数据时间：2015年），网址为http：//www.wbcsdcement.org/index.php/key-issues/climate-protection/gnr-database；美国地质调查局的全球水泥产量数据库（数据时间：2015年），网址为https：//www.usgs.org。

第二章　行业低碳发展的研究方法[①]

第一章对中国目前的行业能源消耗和排放进行了系统分析，并针对火电、钢铁、水泥三个行业的重要性、能耗排放、技术现状等进行了集中论述，为第二章构建行业低碳技术发展的研究方法奠定了基础。本章通过对已有国际国内能耗排放的研究模型、方法的汇总，以《2006 年 IPCC 国家温室气体清单指南》为基础，参考和借鉴了国际上各行业协会的核算方法及国家标准化管理委员会公布的《工业企业温室气体排放核算和报告通则》与 10 个重点行业的温室气体核算方法，结合碳专项项目一“能源消费与水泥生产排放”的火电、钢铁、水泥等子课题的调查数据和各排放因子数据，形成了一套中国行业技术碳评估研究理论和方法。

第一节　方法和思路

一、技术路线

如第一章所述，本书旨在针对现有成熟的低碳技术减排的效果和成本，结合未来不同低碳技术发展情景的设置，探讨提高火电行业、钢铁行业和水泥行业的现有成熟技术比例，对实现 2020 年三个行业单位国内生产总值二氧化碳排放量比 2005 年下降 40% ~ 45% 目标的影响。同时，基于现有成熟低碳技术投入对减排潜力的分析，进一步分析已有落后产能淘汰及新技术建设的投入，从而可深入分析技术比例变化对生产成本的综合影响。基于这样的研究目标，本书中采用的情景分析法，可在设置不同技术情景的前提下，分别计算对应情景下特定行业在 2020 年的碳排放量、单位国内生产总值碳排放量及生产成本综合变化。通过调整不同情景的低碳技术比例，

---

① 本章作者：汪鸣泉、苏昕、雷杨。

来实现分析在现有成熟低碳技术参数不变而比例变化的前提下，相应的节能减排效果和定量关系，从而可以更科学更量化地判断低碳技术提高对特定行业减排的影响。

为此，本书采用了如下的技术路线图（图2-1）：一方面，基于情景分析法，在经济数据、能源数据和排放因子数据的基础上，计算不同情景的某行业的碳排放量、单位国内生产总值碳排放量及技术减排成本，从而判断该行业未来技术减排的潜力、能否实现到2020年该行业单位国内生产总值二氧化碳排放量比2005年下降40%～45%；另一方面，通过结构分解分析法（structural decomposition analysis，SDA），定量分析影响碳排放量变化的因素。其中，单位国内生产总值碳排放量计算模型、技术减排成本计算模型和技术减排影响因素分析模型为本书的评估模型。

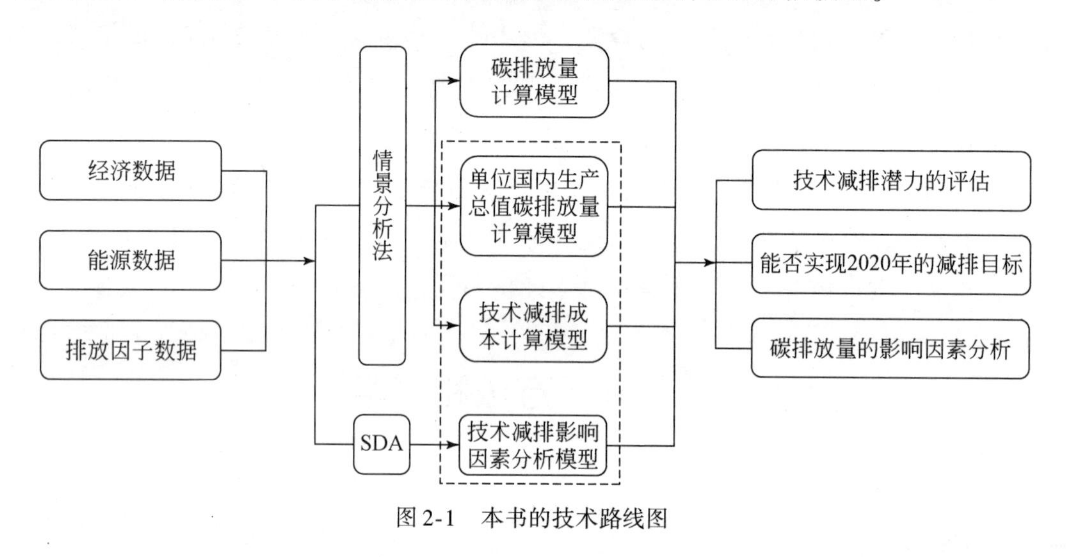

图2-1 本书的技术路线图

二、模型选择

根据上述技术路线图，本书参考了可计算一般均衡（computable general equilibrium，CGE）模型、市场配置技术模型、国家能源系统模型、全球能源经济环境模型、投入产出模型、能源系统仿真和动态优化模型、3Es模型（macroeconomic，energy and environment sub-model）、长期能源替代规划系统（long-range energy alternatives planning system，LEAP）模型等国际上普遍采用的分析模型，并重点针对本书中的行业模型、技术情景设置、技术结构分析、技术成本变动计算的需求，最终选择了自下而上的LEAP模型，并重点吸收了LEAP模型中的能源需求、能源加工转化、资源供应能力分析、环境影响评价、成本分析等模块，作为本书的主要模型基础。

目前，众多研究者采用了长期能源可替代规划系统模型，即 LEAP 模型，针对中国某行业或某地区的能源问题和碳排放问题展开了分析：王彦超（2013）基于 LEAP 模型，采用情景分析法分析了能源政策对于吉林省 2020 年民用建筑能耗的影响；徐成龙（2012）采用 LEAP 模型预测了山东省 2030 年的碳排放总量和各个行业的碳排放量；王克等（2006）采用 LEAP 模型，分析得出未来一阶段（至 2030 年）钢铁行业具有一定的二氧化碳减排潜力，减排的途径主要包括行业结构调整和技术进步；张颖等（2007）采用 LEAP 模型定量分析了中国 2000～2030 年电力行业的碳排放量，并评价了当前节能减排政策对电力行业减排的效果；毛紫薇等（2010）采用 LEAP 模型分析了山东省水泥行业在 2020 年二氧化碳的减排效果。

由斯德哥尔摩环境研究所开发的 LEAP 模型是基于情景分析的自下向上的能源-环境分析模型。全球 150 多个国家选择 LEAP 模型作为能源系统和气候变化的分析模型，联合国气候变化框架公约也采用该模型开展模拟分析。

在 LEAP 模型的整体功能模块中，能源方案整体由能源需求模块、能源加工转化模块、资源供应能力分析模块、环境影响评价模块、成本分析模块五部分组成。

1. 能源需求模块

在能源需求模块中，当输入各部门（或行业）相关活动对应的能源活动水平和能耗强度时，可以计算出该部门的能源需求总量。在计算时，要建立较为合理的数据结构系统。例如，一般可以建立部门、子部门、终端使用装备等多级别的数据结构。

2. 能源加工转化模块

在能源加工转化模块中，从一次能源出发，模拟其加工转化的过程。例如，水力发电和石油的最终燃料为电力与煤油、柴油等。能源加工转化子模块将计算本地资源存有量是否能够满足当前社会经济发展所要的需求量，以及由此引起的进出口量的变化，实现能源的供需平衡，形成未来能源的供给方案。

3. 资源供应能力分析模块

在资源供应能力分析模块中，将测定生物质资源需求及土地使用变化引起的影响，该模块旨在帮助用户回答一些有关农村能源的相关问题，如农村地区有无足够的资源满足其需求、森林破坏将会引起什么后果、农村残余物可能引起的影响等。

4. 环境影响评价模块

在环境影响评价模块中，用户可以预测给定的能源方案的环境影响，预测的依据将依赖于已编制好的环境数据库。环境数据库中所包含的数据来源范围比较大，主要是有关能源开发与利用过程中所引起的各种环境问题及这个过程中对人体所造成的危害的各种数据。用户也可根据需要灵活地予以延伸。

5. 成本分析模块

在成本分析模块中，用户可以从经济费用的角度出发评价其形成的能源方案，判定哪一个能源方案更适合当前情境下未来经济的发展。该程序以社会成本为基础，评价能源项目的经济作用。对给定的能源方案从资源、转化、利用等角度跟踪并计算他们的费用。

本书中模型的搭建借鉴了 LEAP 模型中的能源需求模块、能源加工转化模块、环境影响评价模块及成本分析模块。

第二节 排放模型

一、碳排放量的计算模型概述

行业碳排放量核算的方法主要包括《2006 年 IPCC 国家温室气体清单指南》（简称《指南》）、国际上各行业协会的核算方法及国家标准化管理委员会公布的《工业企业温室气体排放核算和报告通则》(国家质量监督检验检疫总局和国家标准化管理委员会，2015）和 10 个重点行业的温室气体核算方法（简称《标准》）。

1）《指南》根据数据获得量的不同，提出了由简单到复杂的 3 种计算方法：方法 1 一般采用默认的排放因子；方法 2 采用特定测量的排放因子；方法 3 采用特定测量的排放因子及其他更细化的因素。各行业协会的核算方法主要借鉴《指南》的准则进行编制，以《指南》中的方法 1 为主，但在核算范围上有些核算只考虑了直接排放，有些则同时考虑了直接排放和间接排放。

2）《标准》的核算方法主要是针对企业的碳排放核算，参考了《指南》的方法 3，特定排放因子和采用更多细化因素的考虑使该方法对各工艺流程的核算较为准确，但需要大量数据的支持，一般只适用于单一企业的碳排放核算。

本书需要计算每个行业不同技术种类的碳排放量，单独采用现有的某一种方法并不合适，如《指南》中方法 1 的计算对每个行业太过宽泛，《标准》中的计算方法对数据的需要量非常大，不适用于计算整个行业的碳排放。因此，本书的碳排放核算方法综合考虑了《指南》中的方法 2 和方法 3，同时借鉴了各行业协会的相关计算方法。

另外，碳专项针对能源消费和重要行业在全国开展调研和数据收集，实现对全国各个行业工艺及技术的全覆盖，形成了能源、行业相关的数据库和核算方法。由于碳专项数据具有行业性、区域性和技术分类等特征，本书所采用的排放因子并非《指南》中方法 1 所推荐的默认值，而是碳专项的成果（Liu et al.，2015），同时针对技术在全国行业内和区域间的生产能力来估算不同生产工艺技术产能的排放量，并为后续规划年的低碳技术减排潜力计算提供依据。

基于以上说明，本书三个行业的碳排放量计算公式如下。

$$P_{i,y} = P_y \times \gamma_{i,y}$$

$$E_y = \sum_i (P_{i,y} \times g_{i,y} \times \mathrm{EF}_{i,y})$$

式中，$P_{i,y}$为第 y 年某行业的第 i 种技术的产品产量；P_y为第 y 年某行业的产品产量；$\gamma_{i,y}$为第 y 年第 i 种技术在产量中的占比；E_y为第 y 年某行业的碳排放总量；$g_{i,y}$为第 y 年第 i 种技术单位产品的能耗；$\mathrm{EF}_{i,y}$为第 y 年某行业的第 i 种技术的能耗排放因子，该值采用碳专项最新的修正值。

如果获得某地区的某行业各技术的活动水平数据和排放因子数据，则可用上述方法获得该地区某行业的碳排放量。传统的区域分析模型是假定在更高一级区域的活动水平数据和排放因子数据确定与可获得的前提下，默认为下一级区域活动水平数据和排放因子数据与上一级同类型值相同。在此基础上，可初步估算碳排放量和能源消耗在不同的区域分布。该研究方法与《指南》方法 1 一般采用默认的排放因子，即采用高一级区域默认排放因子，如果低一级区域的排放因子可获得，则采用方法 2，即采用特定测量的排放因子来进行计算。

某地区某行业的碳排放量，其表达式如下。

$$E_{i,y}^{k省} = \frac{e^{\mathrm{RF}_{i,y}^{k省}} \times \mathrm{EF}_y^{全国} \times P_{i,y}^{k省}}{\sum_{k=1}^{n} (e^{\mathrm{RF}_{i,y}^{k省}} \times \mathrm{EF}_y^{全国} \times P_{i,y}^{k省})} \times E_y^{全国}$$

式中，$E_{i,y}^{k省}$为表示第 y 年第 k 省某行业的碳排放总量；$P_{i,y}^{k省}$为表示第 k 省第 y 年行业总产量；$\mathrm{RF}_{i,y}^{k省}$为表示第 y 年第 k 省的某行业排放调整因子；$\mathrm{EF}_y^{全国}$为表示第 y 年全国某行业排放因子；$E_y^{全国}$为表示第 y 年全国某行业碳排放总量。

由于三个行业的碳排放来源不同，相关数据获取途径不同，具体的核算方法有一定差异，针对每个行业的碳排放量计算方法见下文。

二、火电行业碳排放量的计算模型

火电行业的碳排放核算方法融合了《2006 年 IPCC 国家温室气体清单指南》（简称《指南》）中火电行业碳排放核算方法、国家标准化管理委员会公布的《工业企业温室气体排放核算和报告通则》（国家质量监督检验检疫总局和国家标准化管理委员会，2015）和火电行业的温室气体核算方法（简称《标准》）中的内容，并结合碳专项中火电子课题全国各大企业的调查数据和各排放因子数据综合构建而成。

1.《指南》中火电行业碳排放核算方法

在《指南》中，电力行业的温室气体排放被划分到“能源工业 1A1”中“主要活动电力和能源生产 1A1a”之类。《指南》中对固定源燃烧温室气体排放量提供了 3 种不同层级的计算方法。3 种层级方法对数据质量的要求依次升高：方法 1 采用燃料统计数据与缺省的排放因子；方法 2 采用特定国家的排放因子与燃料统计数据；方法 3 则考虑较多的因素，包括使用的燃料类型、燃烧技术、运作条件、控制技术、维护的质量和用于燃烧燃料的设备年龄等，并使用取决于这些差异的排放因子。

2.《标准》中火电行业碳排放核算方法

国家标准化管理委员会公布的《温室气体排放核算与报告要求第 1 部分：发电企业》规定，发电企业根据其发电生产过程的异同，其温室气体核算和报告范围包括：化石燃料燃烧产生的二氧化碳排放、脱硫过程的二氧化碳排放、企业购入电力产生的二氧化碳排放。化石燃料燃烧排放是指化石燃料在各种类型的固定或移动燃烧设备中发生燃烧过程产生的二氧化碳排放。对于生物质混合燃料发电企业，其燃料燃烧的二氧化碳排放仅统计混合燃料中化石燃料的二氧化碳排放；对于垃圾焚烧发电企业，其燃料燃烧的二氧化碳排放仅统计化石燃料的二氧化碳排放。燃煤低位发热量的测量频率为每天至少一次。燃油低位发热量的测量按每批次测量，或采用与供应商交易结算合同中的年度平均低位发热量。天然气低位发热量测量每月至少一次。生物质混合燃料发电机组及垃圾焚烧发电机组中化石燃料的低位发热量应参考燃煤、燃油、燃气机组的低位发热量测量和计算方法。企业在电力生产过程中，由于停产、检修或其他原因需要购入一部分电力，这部分所产生的二氧化碳排放应纳入总排放中。

3. 碳专项火电子课题碳排放核算方法

碳专项火电子课题搜集 39 座电厂共 209 组不同工况条件下火电机组操作数据，

对燃煤火电行业碳氧化因子进行回归分析，得到碳氧化因子计算模型，根据机组容量分布情况求得每年燃煤火电行业平均碳氧化因子 OCFPI。相比 IPCC 默认值，实际二氧化碳排放因子最小可减小 9.64%。

4. 本书火电行业的碳排放核算方法

《指南》中火电行业碳排放核算方法 1 采用燃料统计数据与缺省的排放因子的方法，无法实现本书中的技术分析目标，因此本书的火电行业碳排放核算方法借鉴了《指南》中火电行业碳排放核算方法的方法 2 和方法 3，同时参考了《标准》中对火电行业碳排放主要来源和计算数据的归类方法，并重点采用碳专项火电子课题采集的火电行业不同电厂和不同工况条件下的火电机组技术参数、操作数据、燃煤电厂行业碳氧化因子等数据来作为《指南》方法 2 和方法 3 中特定测量的排放因子来进行系统核算。同时针对不同技术的排放因子分级计算，可实现对火电行业不同技术机组的碳排放的细化核算。

在火电行业情景和参数设置上，由于针对未来发电量的规划方案较少，而针对未来装机容量的相关政策规划和标准煤耗的控制指标规划较多，本书采用通过装机容量的方法推算火电行业的碳排放量。具体来讲，通过统计年鉴和相关政策规划可以分别获得已有年份和未来年份（2005～2020 年）火电行业的装机容量，利用装机容量的定义和平均负荷可以推算各年份的发电量，再通过各种技术在发电量中的占比情况，推算出每种技术每年的发电量。然后，再通过供电煤耗及相应的排放因子数据，可以计算每种技术每年的碳排放量，对所有技术加总，即可计算得到相应年份火电行业的碳排放总量。具体的计算公式如下。

$$P_{i,y}^{\text{火电}} = C_y^{\text{火电}} \times 24 \times 365 \times \eta_y^{\text{火电}} \times \gamma_{i,y}^{\text{火电}}$$

$$E_y^{\text{火电}} = \sum_i (P_{i,y}^{\text{火电}} \times g_{i,y}^{\text{火电}} \times \mathrm{EF}_{i,y}^{\text{火电}})$$

式中，$P_{i,y}^{\text{火电}}$为第 y 年第 i 种技术的发电量；$C_y^{\text{火电}}$为第 y 年火电行业的装机总容量；$\eta_y^{\text{火电}}$为第 y 年火电行业的平均负荷；$\gamma_{i,y}^{\text{火电}}$为第 y 年第 i 种技术的占比；$E_y^{\text{火电}}$为第 y 年火电行业的碳排放总量；$g_{i,y}^{\text{火电}}$为第 y 年第 i 种技术的供电煤耗；$\mathrm{EF}_{i,y}^{\text{火电}}$为第 y 年第 i 种技术的煤耗排放因子。

以上相关数据的主要来源为《中国电力统计年鉴》（2006～2014 年）、《电力工业“十二五”规划研究报告》《电力工业“十二五”规划滚动研究报告》《煤电节能减排升级与改造行动计划（2014—2020 年）》、碳专项等。火电行业碳排放计算的技术路线图见图 2-2。

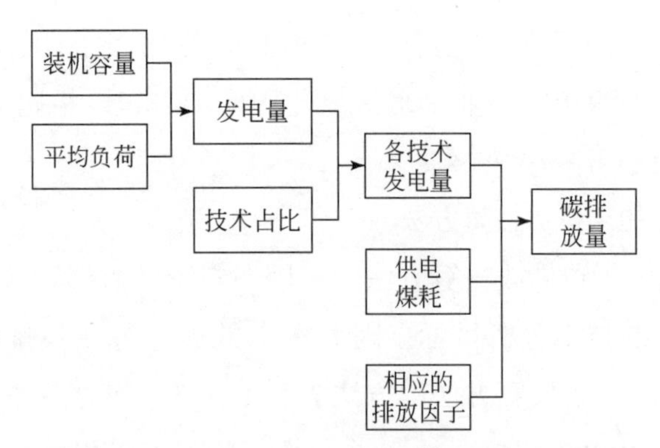

图 2-2 火电行业碳排放核算的技术路线图

三、钢铁行业碳排放量的计算模型

钢铁行业的碳排放核算方法融合了《指南》中钢铁行业碳排放核算方法、国际钢铁协会（World Steel Association，WSA）的二氧化碳排放数据收集系统、世界资源研究所（World Resources Institute，WRI）和世界可持续发展工商理事会（World Business Council for Sustainable Development，WBCSD）开发的钢铁生产二氧化碳排放的计算工具及国家标准化管理委员会公布的《工业企业温室气体排放核算和报告通则》（国家质量监督检验检疫总局和国家标准化管理委员会，2015）和钢铁行业的温室气体核算方法（简称《标准》）中的内容，并结合碳专项中钢铁子课题中全国各大企业的调查数据和各排放因子数据综合构建而成。

1.《指南》中钢铁行业碳排放核算方法

《指南》提供了 3 类钢铁行业碳排放的核算方法。方法 1：将国家钢铁等产品产量数据，乘以 IPCC 提供的缺省排放因子计算获得，适用于无国家材料数据或全行业企业数据的情况。方法 2：基于生产过程中投入和产出的材料国家数据，结合 IPCC 提供的特定材料含碳量计算获得，适用于拥有国家材料数据情况。方法 3：使用企业生产过程中投入和产出的材料数据，结合特定企业材料含碳量计算，国家层次的排放量为各企业排放量之和，适用于拥有全行业企业数据情况。由 3 类方法获得的碳排放数据的误差，从方法 1 到方法 3 逐渐降低。IPCC 提供的 3 类方法计算结果为钢铁行业直接二氧化碳排放量，不包括因外购电力等原因产生的间接排放量。

2. WSA 中钢铁行业碳排放核算方法

WSA 计算方法主要用于钢铁企业二氧化碳排放的计算（The European Cement

Association，2013）。WSA 进行了包括原料开采、运输、生产、副产品利用等的一系列的生命周期研究（life cycle assessment），其核算过程中不仅包括钢铁生产因能源和其他含碳材料消耗排放的二氧化碳，还包括生产中因消耗电力等而间接排放的二氧化碳。其最终二氧化碳排放量为直接排放加上间接排放再减去碳抵扣量。其中，直接排放是指在生产过程中排放的二氧化碳量；间接排放是指在生产过程中使用的，但二氧化碳排放已在使用前发生；碳抵扣是指副产物的外售或余热发电利用等引起二氧化碳排放抵扣量。

3.《标准》中钢铁行业碳排放核算方法

国家标准化管理委员会公布的《温室气体排放核算与报告要求第 5 部分：钢铁生产企业》规定，只核算二氧化碳的排放。核算和报告的范围包括：化石燃料燃烧产生的二氧化碳排放，过程排放，企业购入和输出电力、热力产生的二氧化碳排放，固碳产品隐含的排放。过程排放是指钢铁生产企业在烧结、炼铁、炼钢等工序中由于其他外购含碳原料（如电极、生铁、铁合金、直接还原铁等）和熔剂的分解与氧化产生的二氧化碳排放。企业在钢铁生产过程中，输出的电力、热力主要是企业在满足自身生产所需的情况下，将富余的热力、电力输出的情况，这部分的排放应在总排放中扣除。钢铁生产过程中有少部分碳固化在生铁、粗钢等外销产品中，还有一小部分碳固化在以副产煤气为原料生产的甲醇等固碳产品中。这部分固化在产品中的碳所对应的二氧化碳排放应予扣除。

4. 碳专项钢铁子课题碳排放核算方法

碳专项钢铁子课题已累计调研 22 家钢铁企业，其中 20 家为长流程钢铁企业，2 家为短流程钢铁企业，并利用碳素流分析法计算不同种类煤炭利用过程的氧化因子，对 20 家长流程企业不同煤炭含碳量的测算值与 IPCC 进行了对比。根据含碳量和氧化因子的结果，实际测算钢铁行业炼焦煤排放因子低于 IPCC 和 WSA 缺省值；烧结煤排放因子低于 IPCC 标准、高于 WSA 标准；喷吹煤排放因子高于 IPCC 标准、低于 WSA 标准。

5. 本书钢铁行业的碳排放核算方法

《指南》中钢铁行业碳排放核算方法 1 采用国家钢铁等产品产量数据乘以 IPCC 提供的缺省排放因子的方法，无法实现本书中的技术分析目标。WSA 中钢铁行业碳排放核算方法采用全生命周期研究方法来计算钢铁生产的直接排放、间接排放和碳抵扣量，但计算过程和参变量与技术减排分析的要求有所差异。因此，本书的钢铁行业碳排放核算方法借鉴了《指南》中钢铁行业碳排放核算方法的方法 2 和方法 3，同时参考了《标准》中对钢铁行业碳排放主要来源和计算数据的归类方法，并重点采用碳专项钢铁子课题采集的钢铁行业不同钢铁企业和长短流程钢铁企业碳素流分析煤炭利用过程的氧化因子等数据来作为《指南》方法 2 和方法 3 中特定测量的排放因子来进行系统核算。同时针对不同技术的排放因子分级计算，可实现对钢铁行业长短流程工艺及技术碳排放的细化核算。

在钢铁行业情景和参数设置上，由于针对未来粗钢产量的规划较多，故本书直接通过粗钢产量推算钢铁行业的碳排放量。具体来讲，通过统计年鉴和相关政策规划可以分别获得已有年份和未来年份（2005～2020 年）钢铁行业的粗钢产量，通过各种技术在粗钢产量中的占比情况，推算出各技术每年的粗钢产量。然后，再通过吨钢能耗及相应的排放因子数据，可以计算每种技术每年的碳排放量，对所有技术加和，即可计算得到相应年份钢铁行业的碳排放总量。具体的计算公式如下。

$$P_{i,y}^{钢铁} = P_{y}^{钢铁} \times \gamma_{i,y}^{钢铁}$$

$$E_{y}^{钢铁} = \sum_{i} (P_{i,y}^{钢铁} \times h_{i,y}^{钢铁} \times \mathrm{EF}_{i,y}^{钢铁})$$

式中，$P_{i,y}^{钢铁}$为第 y 年第 i 种技术的粗钢产量；$P_{y}^{钢铁}$为第 y 年钢铁行业的粗钢总产量；$\gamma_{i,y}^{钢铁}$为第 y 年第 i 种技术的占比；$E_{y}^{钢铁}$为第 y 年钢铁行业的碳排放总量；$h_{i,y}^{钢铁}$为第 y 年第 i 种技术的吨钢煤耗；$\mathrm{EF}_{i,y}^{钢铁}$为第 y 年第 i 种技术的煤耗排放因子。

以上相关数据的主要来源为《中国钢铁工业统计年鉴》（2006～2013 年）、《中国钢铁工业五十年数字汇编》、《钢铁工业“十二五”发展规划》、碳专项等。钢铁行业碳排放计算的技术路线图如图 2-3 所示。

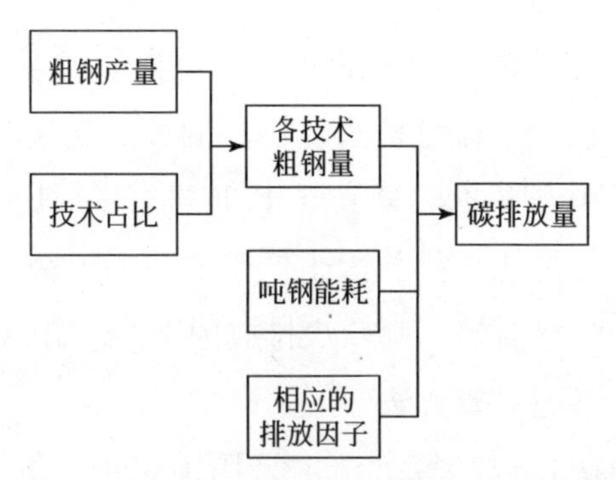

图 2-3　钢铁行业碳排放核算的技术路线图

四、水泥行业碳排放量的计算模型

水泥行业的碳排放核算方法融合了《指南》中水泥行业碳排放核算方法、世界可持续发展工商理事会的二氧化碳排放量核算方法，以及国家标准化管理委员会公布的《工业企业温室气体排放核算和报告通则》（国家质量监督检验检疫总局和国家标准化管理委员会，2015）和水泥行业的温室气体核算方法（简称《标准》）中的内容，并结合碳专项中水泥子课题中全国各大企业的调查数据和各排放因子数据综合构建而成。

1.《指南》中水泥行业碳排放核算方法

在《指南》中提出了水泥生产碳排放的 3 种计算方法。这 3 种方法之间的差别主要在活动水平方面，方法 1 与方法 2 基于国家水泥和熟料产量数据，方法 3 基于工厂碳酸盐给料数据。

2. 世界可持续发展工商理事会中水泥行业碳排放核算方法

世界可持续发展工商理事会将水泥生产碳排放划分为直接排放与间接排放。直接排放主要包括生料中碳酸盐、有机碳、窑灰、粉尘煅烧，化石能源消耗所产生的排放；间接排放指在生产过程中电力消耗和外购熟料所产生的排放。世界可持续发展工商理事会第 3 版报告，按照直接排放参数及数据来源的不同，将水泥行业碳排放核算方法分为投入法和产出法。投入法指依据生料消耗量、入窑生料中回窑粉尘、生料烧失量等相关参数计算直接碳排放的方法，又称生料法；产出法指主要依据熟料产量，熟料排放因子或熟料氧化钙、氧化镁含量等计算直接二氧化碳排放的方法，又称熟料法。理论上，投入法与产出法计算结果一致。

3.《标准》中水泥行业碳排放核算方法

国家标准化管理委员会公布的《温室气体排放核算与报告要求第 8 部分：水泥生产企业》规定，只核算二氧化碳的排放量。核算和报告的范围包括：化石燃料燃烧排放、过程排放、购入和输出的电力及热力产生的排放。水泥生产过程中，原材料碳酸盐分解产生的二氧化碳排放，包括熟料对应的碳酸盐分解排放。通过熟料的产量计算生料中碳酸盐分解产生的二氧化碳排放量，即利用熟料中氧化钙和氧化镁的含量，反向计算产生一定量的氧化钙和氧化镁需要分解多少碳酸钙与碳酸镁，从而计算在分解过程中产生的二氧化碳。输出的电力、热力主要是企业在满足自身生产所需的情况下，将富余的热力、电力输出的情况，这部分的排放应在总排放中扣除。

4. 碳专项水泥子课题碳排放核算方法

碳专项水泥子课题共完成了 20 个省份，共计 303 条各类水泥生产线的抽样调查工作，其中全流程生产线 303 条，全流程新型干法生产线 197 条，立窑生产线 70 条，特种水泥生产线36条。考虑到单条生产线的数据完整性，课题组对303条生产线进行数据检验和筛选，共获得有效样本为新型干法生产线166条、立窑生产线40条和特种水泥生产线30条。调查和计算得到中国水泥生产熟料工艺碳排放因子为521千克二氧化碳/吨水泥熟料，结果表明其值相比IPCC数据库2007年值低4千克二氧化碳/吨水泥熟料，相比CSI数据库2007年值低26千克二氧化碳/吨水泥熟料（Liu et al. ,2015）。

5. 本书水泥行业的碳排放核算方法

《指南》中水泥行业碳排放核算方法1采用缺省排放因子计算，无法实现本书中的技术分析目标。世界可持续发展工商理事会中水泥行业碳排放核算方法采用投入法和产出法来双向核算水泥生产的直接排放、间接排放，但计算过程和参变量与技术减排分析的要求有所差异。因此，本书的水泥行业碳排放核算方法借鉴了《指南》中水泥行业碳排放核算方法的方法2和方法3，同时参考了《标准》中对水泥行业碳排放主要来源和计算数据的归类方法，并重点采用碳专项水泥子课题采集的水泥行业全流程新型干法生产线、立窑生产线、特种水泥生产线调查和计算得到中国水泥生产熟料工艺碳排放因子等数据来作为《指南》方法2和方法3中特定测量的排放因子来进行系统核算。同时针对不同技术的排放因子分级计算，可实现对水泥行业低碳技术碳排放的细化核算。

在水泥行业情景和参数设置上，由于针对未来水泥产量的规划较多，故本书直接通过水泥产量推算水泥行业的碳排放量。具体来讲，通过统计年鉴和相关政策规划可以分别获得已有年份和未来年份（2005～2020年）水泥行业的水泥产量，通过各种技术在水泥产量中的占比情况，推算出各技术每年的水泥产量。水泥的碳排放包括燃料燃烧、工业过程和电力消耗，其中前两者为主要排放源，且为直接排放，因此，本书仅考虑前两者。对于每种技术的燃料燃烧排放，可以通过各技术的水泥产量与单位水泥能耗、燃烧排放因子的乘积获得；对于每种技术的工业过程排放，可以通过各技术的水泥产量、熟料水泥比与熟料的过程排放因子获得。具体的计算公式如下。

$$P_{i,\ y}^{水泥} = P_{y}^{水泥} \times \gamma_{i,\ y}^{水泥}$$

$$E_{y}^{水泥} = \sum_{i} (P_{i,\ y}^{水泥} \times l_{i,\ y}^{水泥} \times \mathrm{EFc}_{i,\ y}^{水泥}) + \sum_{i} (P_{i,\ y}^{水泥} \times k_{i,\ y}^{水泥} \times \mathrm{EFp}_{i,\ y}^{水泥})$$

式中，$P_{i,y}^{水泥}$为第y年第i种技术的水泥产量；$P_{y}^{水泥}$为第y年水泥行业的水泥总产量；$\gamma_{i,y}^{水泥}$为第y年第i种技术的占比；$E_{y}^{水泥}$为第y年水泥行业的碳排放总量；$l_{i,y}^{水泥}$为第y年第

i 种技术的单位水泥能耗（包含燃煤能耗和发电能耗）；$EFc_{i,y}^{水泥}$ 为第 y 年第 i 种技术的燃烧排放因子；$k_{i,y}^{水泥}$ 为第 y 年第 i 种技术的熟料水泥比；$EFp_{i,y}^{水泥}$ 为第 y 年第 i 种技术的工业过程排放因子。

以上相关数据的主要来源为《中国水泥年鉴》（2006～2013 年）、《建材工业“十二五”发展规划》、《水泥工业“十二五”发展规划》、碳专项等。水泥行业碳排放计算的技术路线图如图 2-4 所示。

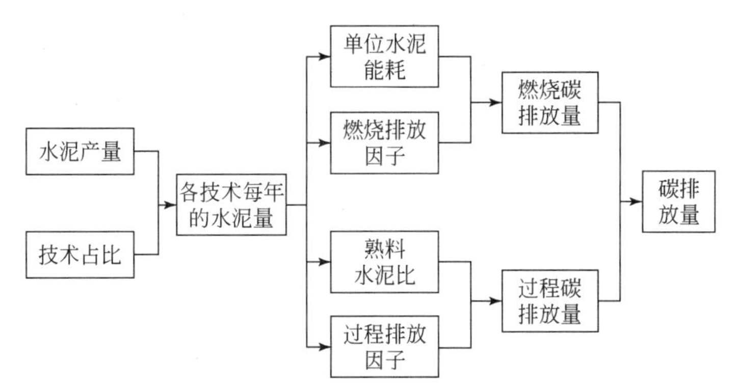

图 2-4　水泥行业碳排放核算的技术路线图

第三节　评估模型

一、碳减排的评估模型概述

在评估碳减排的成效时涉及能源、经济与环境之间的协调关系，故本书需采用能源（energy）-经济（economy）-环境（environment）系统（简称 3E 系统）。该系统用来研究社会发展中能源、经济、环境三个子系统之间的相互影响程度，进而为相关技术和政策的制定提供科学理论支持。目前已经有多个满足这样分析要求的具体模型，这些模型的构建经历了一个由简单到复杂的过程：从 20 世纪 70 年代，以石油危机为诱因的能源安全问题得到各国的高度关注，相关的能源预测和规划模型得到较快的发展。到此后，随着酸雨、气候变化等区域或全球环境问题的日益严峻，能源环境模型也日益完善发展，而近年来，该领域将较为成熟的经济理论纳入已有的模型，最终发展了较为完善的 3E 系统。

这些构成 3E 系统的模型可以从多个角度进行分类（程婷，2014）。

1. 按照模型的构建思路分类

其可以分为“自上而下”（top-down）的宏观模型、“自下而上”（bottom-up）的技术模型及混合模型。

1）宏观模型：从宏观角度出发，分析经济发展对各部门的影响，给出宏观经济变化引起的能源系统供求关系的变化。典型的模型包括：里昂·瓦尔拉斯提出的可计算一般均衡（computable general equilibrium，CGE）模型（瓦尔拉斯，1989；张欣，2010；细江敦弘等，2014）、里昂惕夫提出的投入产出模型（input-output model）（Miller and Blair，2009；夏明和张红霞，2013）。

2）技术模型：从工程角度出发，用于分析能源使用技术与成本，分析逻辑是通过预测技术创新或新能源的使用，导致技术及成本结构的变化，来对具有成本优势的能源技术进行选择（邓玉勇等，2006）。典型的模型包括：由斯德哥尔摩环境研究所开发的LEAP模型、由日本国立研究所开发的亚太地区气候变化综合评价模型（Asian-Pacific integrated model，AIM）（胡秀莲和姜克隽，1998；陈敏等，2012）和由国际能源署联合各国开发的市场配置模型（the market allocation of technologies model，MARKAL）（陈文颖和吴宗鑫，2001）。

3）混合模型：可以看做上述宏观模型和技术模型的耦合模型。典型的模型包括：由美国能源部和环保部开发的NEMS模型（the national energy modeling systems）（Energy Information Administration，1994；Koomey et al.，2001）、由国际应用系统分析研究所和世界能源委员会开发的IIASA-WEC E3模型（the IIASA-WEC energy economic environment model）。

2. 按照模型的研究内容方法分类

其可分为能源经济模型、能源技术模型和综合模型等。

1）能源经济模型：典型代表包括投入产出模型、可计算一般均衡模型、特里夫·哈维默等提出并由后人发展的宏观计量模型（伍德里奇，2014）、Forrester等提出并由后人发展的系统动力学模型（李明玉，2009）。

2）能源技术模型：典型代表包括能源系统仿真模型、部门预测模型、动态能源优化模型。

3）综合模型：典型代表包括由日本长冈理工大学开发的3Es模型（macroeconomic，energy and environment sub-model）（魏一鸣等，2005）。

3. 按照模型的研究目标分类

其可分为预测模型、综合评价模型和优化模型，对应的典型模型包括由法国

IEPE（The Institute of Energy Policy and Economics）开发的 MEDEE 模型（李延峰，2010）、AIM 和国际能源署联合各国开发的 MARKAL。

4. 按照模型的研究范围分类

可分为全球模型、区域模型、国家模型和行业模型。

1）全球模型：典型代表包括国际应用系统分析研究所和世界能源委员会开发的 IIASA-WEC E3 模型。

2）区域模型：典型代表包括典型的国家模型及由美国能源部和环保部开发的 NEMS 模型。

3）行业模型：典型代表包括由斯德哥尔摩环境研究所开发的 LEAP 模型。

针对本书中的行业模型、技术情景设置、技术结构变化、技术成本预测，选择了自下而上的 LEAP 模型，并重点吸收了 LEAP 模型中的能源需求、能源加工转化、资源供应能力分析、环境影响评价、成本分析等模块，作为本书的主要模型基础（图 2-5）。

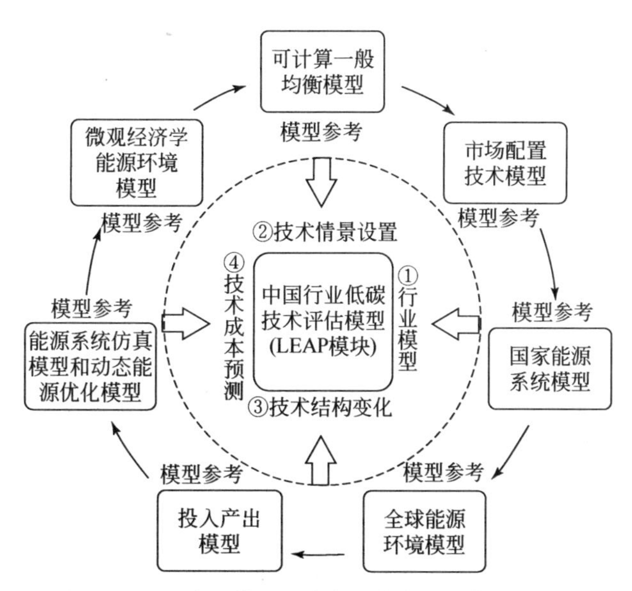

图 2-5　国际先进模型的参考和本模型的借鉴及选择

二、单位国内生产总值碳排放量计算模型

本书根据 3 个行业的碳排放计算模型，形成 3 个行业的单位国内生产总值碳排放量计量分析模型，并可对 2005 年的单位国内生产总值碳排放量降低比例及具体指标

进行计算，具体计算模型如下。

$$\mathrm{EI}_y = \frac{E_y}{G_y}$$

$$K_y = \frac{\mathrm{EI}_{2005} - \mathrm{EI}_y}{\mathrm{EI}_y}$$

式中，EI_y 为第 y 年某行业单位国内生产总值的碳排放量；E_y 为第 y 年某行业碳排放量；G_y 为第 y 年某行业的国内生产总值（按 2005 年价格）；K_y 为第 y 年某行业相对于 2005 年单位国内生产总值碳排放量的减少比例。

其中，行业的国内生产总值数据采用如下方法计算：即行业的工业增加值，部分数据通过相关统计年鉴获得，对于数据缺失年份，通过该行业的工业总产值、工业销售产值等数据进行推算，对未来年份的数据则依据产品产量进行推算。同时，采用统计年鉴中的价格指数进行修正，得到 2005 年价格的各年份该行业的工业增加值。

若获得某地区的某行业各技术的活动水平数据、排放因子数据及经济数据，则可用上述方法获得该地区某行业的单位国内生产总值的碳排放量。

三、技术减排成本计算模型

本书除计算行业的碳排放量、单位国内生产总值碳排放量外，还形成了技术减排成本计算模型。在计算技术减排成本过程中，首先要考虑淘汰已有落后生产技术产生的剩余价值折减成本，以及新建新技术所产生的投资成本。此外，技术减排成本还包括行业的生产成本变动，这又涉及行业减排产生的固定成本和可变成本变动。这部分固定成本的变动，除受设备投资等的影响外，还与之前提到的淘汰已有落后生产技术产生的剩余价值折减成本，以及新建新技术所产生的投资成本相关。可变成本主要包括原料和能源的采购。一般来讲，某行业的低碳先进技术的单位产品能耗要相对较低，故在产量相同的情况下，低碳先进技术的可变成本一般较低，而与此同时，其一次性设备投资的固定成本则较高，本书通过折旧的方法将固定成本平摊到单位产品上。在核算某种技术的生产成本时要综合考虑上述一次性的淘汰成本，以及综合新建投入和可变成本的生产成本变动等成本因素。具体计算模型如下。

$$P_{i,y} = P_y \times \gamma_{i,y}$$

$$C_y = \sum_i (P_{i,y} \times C_{i,y})$$

式中，$P_{i,y}$为第 y 年某行业的第 i 种技术的产品产量；P_y为第 y 年某行业的产品产量；$\gamma_{i,y}$为第 y 年第 i 种技术在产量中的占比；C_y为第 y 年某行业的总生产成本；$C_{i,y}$为第 y 年第 i 种技术单位产品的总成本（包括可变成本和固定成本，以及淘汰成本）。

四、技术减排影响因素分析模型

本书除计算行业的碳排放量、单位国内生产总值碳排放量、技术减排成本外，还进一步运用结构分解分析模型，综合分析了技术减排的影响因素。一个行业的碳排放量是逐年变化的，当下游需求较多时，该行业的碳排放量就较大，当先进的技术比例提高时，该行业的碳排放量就相对降低。因此，碳排放量的变化往往是多个因素共同作用的结果。

在环境经济学领域，常用脱钩理论来描述这种现象，脱钩一词来源于 decoupling（相对应的是 coupling），脱钩指的是在工业发展过程中，物质消耗总量在工业化之初随经济总量的增长而一同增长，但是会在以后某个特定的阶段出现反向变化，从而实现在经济增长的同时物质消耗下降（徐成龙，2012）。

在此，本书采用结构分解分析法（SDA）来定量分析各因素在碳排放量逐年变化中所起的作用。结构分解分析法常用于分析各自变量的变化对因变量变化的贡献程度，其表达式如下。

$$\text{对于：} Z_i = A_i \times B_i \times C_i$$

$$\text{当 } i = t - 1 \text{ 或 } t$$

$$\text{令 } \Delta Z = Z_t - Z_{t-1}，\Delta A = A_t - A_{t-1}，\Delta B = B_t - B_{t-1}，\Delta C = C_t - C_{t-1}$$

则有

$$\Delta Z = \Delta A \times B_t \times C_t + A_{t-1} \times \Delta B \times C_t + A_{t-1} \times B_{t-1} \times \Delta C$$

$$\text{或 } \Delta Z = \Delta A \times B_t \times C_t + A_{t-1} \times \Delta B \times C_{t-1} + A_{t-1} \times B_t \times \Delta C$$

$$\text{或 } \Delta Z = \Delta A \times B_{t-1} \times C_t + A_t \times \Delta B \times C_t + A_{t-1} \times B_{t-1} \times \Delta C$$

$$\text{或 } \Delta Z = \Delta A \times B_{t-1} \times C_{t-1} + A_t \times \Delta B \times C_t + A_t \times B_{t-1} \times \Delta C$$

$$\text{或 } \Delta Z = \Delta A \times B_t \times C_{t-1} + A_{t-1} \times \Delta B \times C_{t-1} + A_t \times B_t \times \Delta C$$

$$\text{或 } \Delta Z = \Delta A \times B_{t-1} \times C_{t-1} + A_t \times \Delta B \times C_{t-1} + A_t \times B_t \times \Delta C$$

上式表明，Z 在两个时期（$t-1$，t）内的变化可以分别分解为 A、B、C 在该时期内的变化，且对于由 3 个影响因素（A、B、C）决定的变量（Z）有 $3!$种分解方式，且每种分解方式都具有合理性，而对于 n 个因素决定的变量则有 $n!$种合理的分解方式，为充分利用这些分解信息，本书取所有分解方式的平均值作为最终的分解形式（下式），该种做法得到了其他研究者的认可和应用（Rose and Casler，1996；Dietzenbacher and Los，1998）。

$$\Delta Z = \Delta(A) + \Delta(B) + \Delta(C)$$

其中，

$$\Delta(A) = \frac{1}{6} \times (\Delta A \times B_t \times C_t + \Delta A \times B_t \times C_t + \Delta A \times B_{t-1} \times C_t + \Delta A \times B_{t-1} \times C_{t-1} + \Delta A \times B_t \times C_{t-1} + \Delta A \times B_{t-1} \times C_{t-1})$$

$$\Delta(B) = \frac{1}{6} \times (A_{t-1} \times \Delta B \times C_t + A_{t-1} \times \Delta B \times C_{t-1} + A_t \times \Delta B \times C_t + A_t \times \Delta B \times C_t + A_{t-1} \times \Delta B \times C_{t-1} + A_t \times \Delta B \times C_{t-1})$$

$$\Delta(C) = \frac{1}{6} \times (A_{t-1} \times B_{t-1} \times \Delta C + A_{t-1} \times B_t \times \Delta C + A_{t-1} \times B_{t-1} \times \Delta C + A_t \times B_{t-1} \times \Delta C + A_t \times B_t \times \Delta C + A_t \times B_t \times \Delta C)$$

采用结构分解分析法，本书对3个行业的碳排放量逐年变化分解成3个因素，分别如下。

$$E_t = G_t \times S_t \times \mathrm{EI}_t$$

$$S_t = \frac{g_t}{G_t}$$

$$\mathrm{EI}_t = \frac{E_t}{g_t}$$

式中，E_t为第 t 年某行业的碳排放量；G_t为第 t 年全国的国内生产总值；S_t为第 t 年某行业占全国的国内生产总值比例；EI_t为第 t 年某行业的单位国内生产总值的碳排放量；g_t为第 t 年某行业的国内生产总值。

利用结构分解分析法可对上述公式中的几个变量进行分解，分别如下所示。

$$\Delta E = \Delta(G) + \Delta(S) + \Delta(\mathrm{EI})$$

$$\Delta(G) = \frac{1}{6} \times (\Delta G \times S_t \times \mathrm{EI}_t + \Delta G \times S_t \times \mathrm{EI}_t + \Delta G \times S_{t-1} \times \mathrm{EI}_t + \Delta G \times S_{t-1} \times \mathrm{EI}_{t-1} + \Delta G \times S_t \times \mathrm{EI}_{t-1} + \Delta G \times S_{t-1} \times \mathrm{EI}_{t-1})$$

$$\Delta(S) = \frac{1}{6} \times (G_{t-1} \times \Delta S \times \mathrm{EI}_t + G_{t-1} \times \Delta S \times \mathrm{EI}_{t-1} + G_t \times \Delta S \times \mathrm{EI}_t + G_t \times \Delta S \times \mathrm{EI}_t + G_{t-1} \times \Delta S \times \mathrm{EI}_{t-1} + G_t \times \Delta S \times \mathrm{EI}_{t-1})$$

$$\Delta(\mathrm{EI})=\frac{1}{6}\times(G_{t-1}\times S_{t-1}\times\Delta\mathrm{EI}+G_{t-1}\times S_{t}\times\Delta\mathrm{EI}+G_{t-1}\times S_{t-1}\times\Delta\mathrm{EI}+G_{t}\times S_{t-1}\times\Delta\mathrm{EI}+G_{t}\times S_{t}\times\Delta\mathrm{EI}+G_{t}\times S_{t}\times\Delta\mathrm{EI})$$

式中，ΔE 为某行业 t 年与 $t-1$ 年碳排放量的差值；Δ（G）为某行业 t 年与 $t-1$ 年由于国内生产总值变化所带来的碳排放量的变化，可以理解为经济总量变化对于该行业碳排放的影响；Δ（S）为某行业 t 年与 $t-1$ 年由于该行业占国内生产总值比例的变化所带来的碳排放量的变化，可以理解为产业结构调整对该行业碳排放的影响；Δ（EI）为某行业 t 年与 $t-1$ 年由于单位国内生产总值碳排放量的变化所带来的碳排放量的变化，一般来说，每种技术的单位国内生产总值碳排放量是不变的，那么某行业的单位国内生产总值碳排放量改变则是该行业各技术比例变化导致的。因此，该指标可以理解为该行业技术比例变化对该行业碳排放的影响。

综上所述，本书在分析某行业碳排放量变化时考虑的 3 个因素为：经济总量变化Δ(G)、产业结构变化 Δ(S)、技术结构变化 Δ(EI)。选取计算的年份为 2005 年、2010 年、2015 年和 2020 年。

第四节　情景设置

本书旨在分析 3 个行业现有成熟低碳技术的改变对减排的影响，因此各情景之间的差异只体现在生产技术比例上。所设定的基准情景假设每个行业中各种生产工艺技术的比例保持在现有水平，参考情景（也叫技术情景）设定了低碳技术在未来年份（2020 年）的不同比例。

本书对各技术情景中低碳技术比例的提高更注重于可行性和现实性。具体来说，一方面，各情景中 2020 年火电、钢铁、水泥 3 个行业的产品产量采用的是国家发展规划的目标值（即火电行业的装机容量、钢铁行业的粗钢产量及水泥行业的水泥产量）。另一方面，同一行业不同技术情景下低碳技术比例的提高既考虑了落后技术产能的淘汰，也考虑了 2020 年火电、钢铁、水泥 3 个行业产品产能相对于当前水平的变化。

一、火电行业的情景设置

本书中火电行业的技术包括 4 类：中温中压技术、高温高压技术、亚临界技术及超（超）临界技术（含循环流化床技术）。技术情景的设置一方面考虑了新增装机容量全部采用超临界及超超临界的机组，另一方面又不断用先进机组替代落后小机组，以上两方面保证了火电的4个技术情景（表2-1）中，低碳技术（超临界和超超临界）的比例不断提升。

表 2-1 火电行业的情景设置

项目	基准情景	技术情景一	技术情景二	技术情景三	技术情景四
时间范围	2005～2020 年	2005～2020 年	2005～2020 年	2005～2020 年	2005～2020 年
排放因子	碳专项数据	碳专项数据	碳专项数据	碳专项数据	碳专项数据
活动水平	参考政策规划	参考政策规划	参考政策规划	参考政策规划	参考政策规划
技术比例	技术比例保持在现有水平	新增装机容量均来自超临界以上机组	淘汰中温中压机组，新增产能全部转移至超临界以上机组	逐年淘汰中温中压机组和高温高压机组，新增产能全部转移至亚临界和超临界以上机组	逐年淘汰中温中压机组和高温高压机组，新增产能全部转移至超临界以上机组

二、钢铁行业的情景设置

本书中钢铁行业的技术包括2类：长流程技术和短流程技术。通过调整长流程和短流程生产新增粗钢的比例来控制各技术情景中低碳技术（短流程）的比例，从而保证低碳技术（短流程）的比例依次升高。因此，考虑基准情景之外，设置3种情景（表2-2），其中3个技术情景相比基准情景的短流程技术比例不断提高。

表 2-2 钢铁行业的情景设置

项目	基准情景	技术情景一	技术情景二	技术情景三
时间范围	2005～2020 年	2005～2020 年	2005～2020 年	2005～2020 年
排放因子	碳专项数据	碳专项数据	碳专项数据	碳专项数据
活动水平	参考政策规划	参考政策规划	参考政策规划	参考政策规划
技术比例	技术比例保持在现有水平	2020 年新增的粗钢产量中 2/3 由长流程生产，1/3 由短流程生产	2020 年新增的粗钢产量中 1/3 由长流程生产，2/3 由短流程生产	2020 年新增的粗钢产量全部由短流程生产

三、水泥行业的情景设置

本书中水泥行业的技术包括3类：新型干法技术、立窑技术和其他技术类型。目前，低碳技术（新型干法技术）的比例已经达到91%（2013年），以此作为基准情景的设定，设置3种情景（表2-3），其他技术情景中低碳技术（新型干法技术）的比例呈线性增加，直至全行业覆盖。

表2-3　水泥行业的情景设置

项目	基准情景	技术情景一	技术情景二	技术情景三
时间范围	2005～2020年	2005～2020年	2005～2020年	2005～2020年
排放因子	碳专项数据	碳专项数据	碳专项数据	碳专项数据
活动水平	参考政策规划	参考政策规划	参考政策规划	参考政策规划
技术比例	技术比例保持在现有水平	2020年的新型干法比例提高到95%	2020年的新型干法比例提高到97.5%	2020年的新型干法比例提高到100%

通过以上的情景设置，可以计算得到2005～2020年各行业各基准情景和技术情景下的碳排放量、单位国内生产总值碳排放量及各情景的生产成本，详见第三～第五章。

第五节　本章小结

本章主要论述了本书的基本思路与方法——情景分析法，选择了基于技术的、自下而上的LEAP模型，同时通过改变低碳技术在各行业中的比例设置了多种技术情景。该章全面分析了行业低碳技术发展的理论及研究方法，综合参考了可计算一般均衡模型、市场配置技术模型、国家能源系统模型、全球能源经济环境模型、投入产出模型、能源系统仿真模型和动态能源优化模型、3Es模型、长期能源可替代规划系统模型等国际上主流的分析模型，并重点针对本书中的行业模型、技术情景设置、技术结构变化、技术成本预测，选择了自下而上的LEAP模型，并重点吸收了LEAP模型中的能源需求、能源加工转化、资源供应能力分析、环境影响评价、成本分析等模块，作为本书的主要模型基础。

技术情景通过改变低碳技术在各行业中的比例进行了设置。在此基础上，对已有国际国内能耗排放的研究模型、方法的汇总，形成一套以《2006 年 IPCC 国家温室气体清单指南》为基础、国际上各行业协会的核算方法及国家标准化管理委员会公布的《工业企业温室气体排放核算和报告通则》和 10 个重点行业的温室气体核算方法为参考，同时结合碳专项调查数据和各排放因子数据的适用于中国行业技术碳核算和碳评估的研究理论和方法。本书选取碳专项各行业的排放因子进行碳排放的核算，同时结合各行业的单位国内生产总值碳排放量、技术减排成本及技术减排影响因素等，全面从技术出发对火电、钢铁和水泥行业进行了低碳发展分析。

第三章　火电行业低碳发展[①]

本章重点讨论在现有成熟的低碳技术和成本的基础上，火电行业按照未来不同低碳技术发展情景，即目标年提高火电行业现有先进低碳技术比例，对实现2020年该行业单位国内生产总值二氧化碳排放量比2005年下降40%~45%这一目标的影响。同时，基于现有成熟低碳技术投入对减排潜力的分析，进一步分析已有落后产能淘汰及新技术建设的投入，从而可深入分析技术比例变化对生产成本的综合影响。基于这样的研究目标，本书中采用的情景分析法，可在设置不同技术情景的前提下，分别计算对应情景下特定行业在2020年的碳排放量、单位国内生产总值碳排放量及生产成本综合变化。通过调整不同情景的低碳技术比例，来实现分析在现有成熟低碳技术参数不变而比例变化的前提下，对节能减排效果的定量计算，从而可以较好地判断低碳技术提高对特定行业减排的影响。

第一节　火电行业技术情景设置

2013年，中国火电行业的装机容量为8.62亿千瓦，其中亚临界机组和大于60万千瓦的超临界/超超临界机组的比例不断提高，分别占总火电装机容量的33.72%和44.92%。中国火电行业全行业发电标准煤耗和供电煤耗分别从2006年的0.342千克标准煤/千瓦时和0.367千克标准煤/千瓦时下降到2013年的0.302千克标准煤/千瓦时和0.321千克标准煤/千瓦时[②]。火电行业2012年的能源消费总量为12.7亿吨标准煤，带来44亿~48亿吨的二氧化碳排放[③]。

根据中国电力企业联合会发布的《电力工业十二五规划》，2020年我国电力工

---

① 本章作者：雷杨、苏昕、汪鸣泉。

② 数据来自《2014中国电力年鉴》。

③ 数据来自2011~2013年《中国能源统计年鉴》、《2013中国电力年鉴》、相关报告（国网能源研究院，2014b）。

业新增装机容量中的煤电基地占到55%，届时中国煤电装机容量将达到11.7亿千瓦；2020年的电力工业与2015年相比，年节约标准煤为2.35亿吨，年减排二氧化碳为5.84亿吨；2020年在燃煤装机增加26%的情况下，电力工业与2015年相比，二氧化碳排放总量增加了27.1%，排放强度降低了4.2%；到2020年，现役60万千瓦（风冷机组除外）及以上机组力争5年内供电煤耗降至每千瓦时300克标准煤左右（国家发展和改革委员会，2014b）。国务院办公厅印发的《能源发展战略行动计划（2014—2020年）》（国务院办公厅，2014b）指出，到2020年，力争煤炭占一次能源消费比例控制在62%以内，电煤占煤炭消费比例提高到60%以上。其中，新建燃煤发电项目原则上采用60万千瓦及以上超超临界机组（国家发展和改革委员会等，2014）。

根据火电行业目前的发展现状及技术发展的国家宏观规划，本书针对火电技术减排的情景设置有如下考虑：一方面假设新增装机容量全部来自于超临界及超超临界机组；另一方面又不断用先进机组替代落后小机组，以上两方面保证了火电的基准情景和4个技术情景中，低碳技术（超临界及超超临界技术）的比例不断提升。2020年（图3-1），基准情景、技术情景一、技术情景二、技术情景三、技术情景四中超临界及超超临界技术的占比分别为44.92%、59.42%、66.82%、67.29%和75.16%。

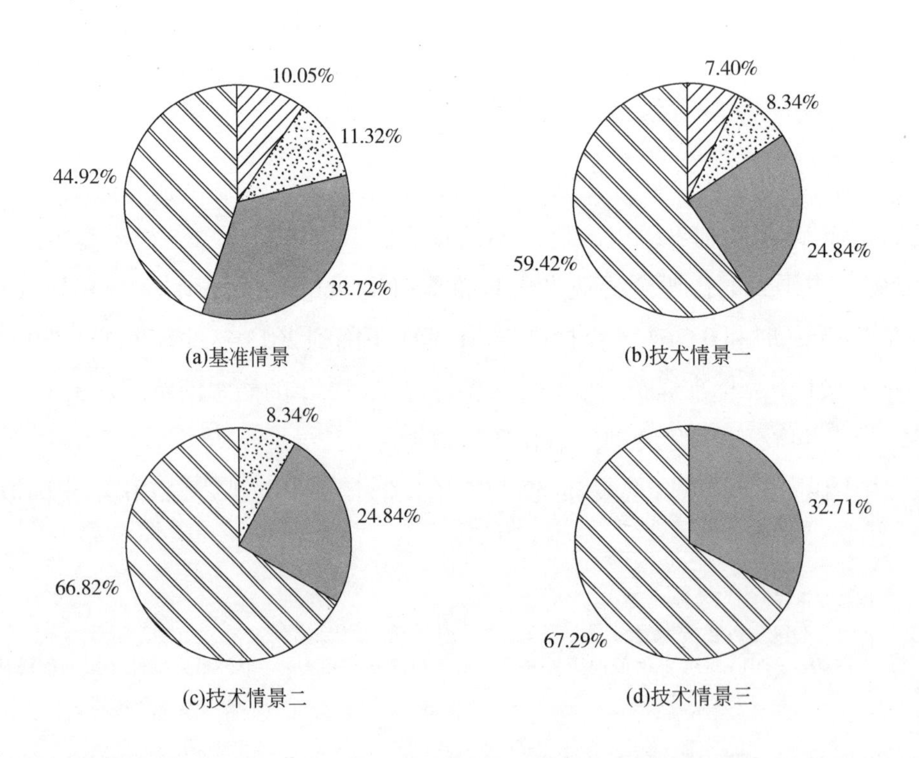

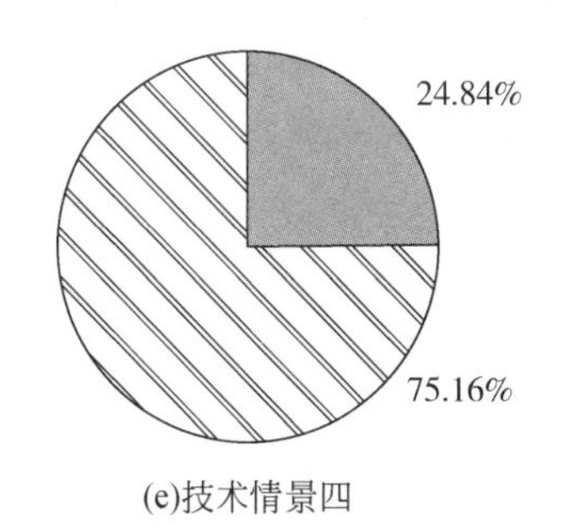

图 3-1　各情景下火电行业各种技术的比例（2020 年）

与此同时，基准情景与各技术情景中，落后技术的比例在逐年下降，低碳技术（超临界及超超临界技术）的比例在逐年增加。

基准情景中（表 3-1），2005 ~ 2020 年，中温中压技术、高温高压技术和亚临界技术的占比分别下降了 12. 14 个百分点、19. 35 个百分点、1. 50 个百分点。而与此同时，超临界及超超临界技术的占比从 11. 93%（2005 年）上升到 44. 92%（2020 年），上升了 32. 99 个百分点。

表 3-1　基准情境下各技术的比例　（单位：%）

年份	中温中压技术	高温高压技术	亚临界技术	超临界及超超临界技术
2005	22. 19	30. 67	35. 22	11. 93
2010	11. 06	16. 26	35. 84	36. 84
2015	10. 05	11. 32	33. 72	44. 92
2020	10. 05	11. 32	33. 72	44. 92

技术情景一中（表 3-2），2005 ~ 2020 年，中温中压技术、高温高压技术和亚临界技术的占比分别下降了 14. 79 个百分点、22. 33 个百分点、10. 38 个百分点。而与此同时，超临界及超超临界技术的占比从 11. 93%（2005 年）上升到 59. 42%（2020 年），上升了 47. 49 个百分点。

表 3-2　技术情景一下各技术的比例　（单位：%）

年份	中温中压技术	高温高压技术	亚临界技术	超临界及超超临界技术
2005	22. 19	30. 67	35. 22	11. 93
2010	11. 06	16. 26	35. 84	36. 84
2015	8. 90	10. 03	29. 88	51. 19
2020	7. 40	8. 34	24. 84	59. 42

技术情景二中（表3-3），2005～2020年，中温中压技术、高温高压技术和亚临界技术的占比分别下降了22.19个百分点、22.33个百分点、10.38个百分点，其中中温中压技术全部被淘汰。而与此同时，超临界及超超临界技术的占比从11.93%（2005年）上升到66.82%（2020年），上升了54.89个百分点。

表3-3 技术情景二下各技术的比例 （单位:%）

年份	中温中压技术	高温高压技术	亚临界技术	超临界及超超临界技术
2005	22.19	30.67	35.22	11.93
2010	11.06	16.26	35.84	36.84
2015	5.76	10.44	31.12	52.68
2020	0.00	8.34	24.84	66.82

技术情景三中（表3-4），2005～2020年，中温中压技术、高温高压技术和亚临界技术的占比分别下降了22.19个百分点、30.67个百分点、2.51个百分点，其中中温中压技术和高温高压技术全部被淘汰。而与此同时，超临界及超超临界技术的占比从11.93%（2005年）上升到67.29%（2020年），上升了55.36个百分点。

表3-4 技术情景三下各技术的比例 （单位:%）

年份	中温中压技术	高温高压技术	亚临界技术	超临界及超超临界技术
2005	22.19	30.67	35.22	11.93
2010	11.06	16.26	35.84	36.84
2015	5.76	7.04	35.39	51.82
2020	0.00	0.00	32.71	67.29

技术情景四中（表3-5），2005～2020年，中温中压技术、高温高压技术和亚临界技术的占比分别下降了22.19个百分点、30.67个百分点10.38个百分点，其中中温中压技术和高温高压技术全部被淘汰。而与此同时，超临界及超超临界技术的占比从11.93%（2005年）上升到75.16%（2020年），上升了63.23个百分点。

表3-5 技术情景四下各技术的比例 （单位:%）

年份	中温中压技术	高温高压技术	亚临界技术	超临界及超超临界技术
2005	22.19	30.67	35.22	11.93
2010	11.06	16.26	35.84	36.84
2015	5.71	6.98	30.85	56.46
2020	0.00	0.00	24.84	75.16

第二节　火电行业低碳技术发展分析

一、二氧化碳排放量的情景分析

通过情景分析可知，火电行业在未来不同技术情景下的二氧化碳排放量存在差异（表3-6和图3-2）。2005年，火电行业的二氧化碳排放量为23.60亿吨，2020年，在各技术情景下，分别达到：55.42亿吨（基准情景）、54.22亿吨（技术情景一）、52.42亿吨（技术情景二）、51.68亿吨（技术情景三）、51.48亿吨（技术情景四），相比于2005年分别增长了135%、130%、122%、119%和118%。2020年，技术情景一、技术情景二、技术情景三和技术情景四相对于基准情景的排放量分别减少了2.16%、5.41%、6.75%和7.10%。可见，随着火电低碳技术比例的提高，未来火电行业二氧化碳减排潜力不断提高。

表3-6　各情景下火电行业二氧化碳排放量　（单位：亿吨）

年份	基准情景	技术情景一	技术情景二	技术情景三	技术情景四
2005	23.60	23.60	23.60	23.60	23.60
2010	34.20	34.20	34.20	34.20	34.20
2015	43.95	44.64	43.14	42.92	42.97
2020	55.42	54.22	52.42	51.68	51.48

二、单位国内生产总值二氧化碳排放量的情景分析

在未来不同技术情景下，火电行业单位国内生产总值的二氧化碳排放量存在差异（表3-7）。若以2005年的单位国内生产总值二氧化碳排放量为基准值，则到2020年在各技术情景下，相对2005年值下降比例分别为22.16%（基准情景）、23.84%（技术情景一）、26.37%（技术情景二）、27.41%（技术情景三）、27.68%（技术情景四）。

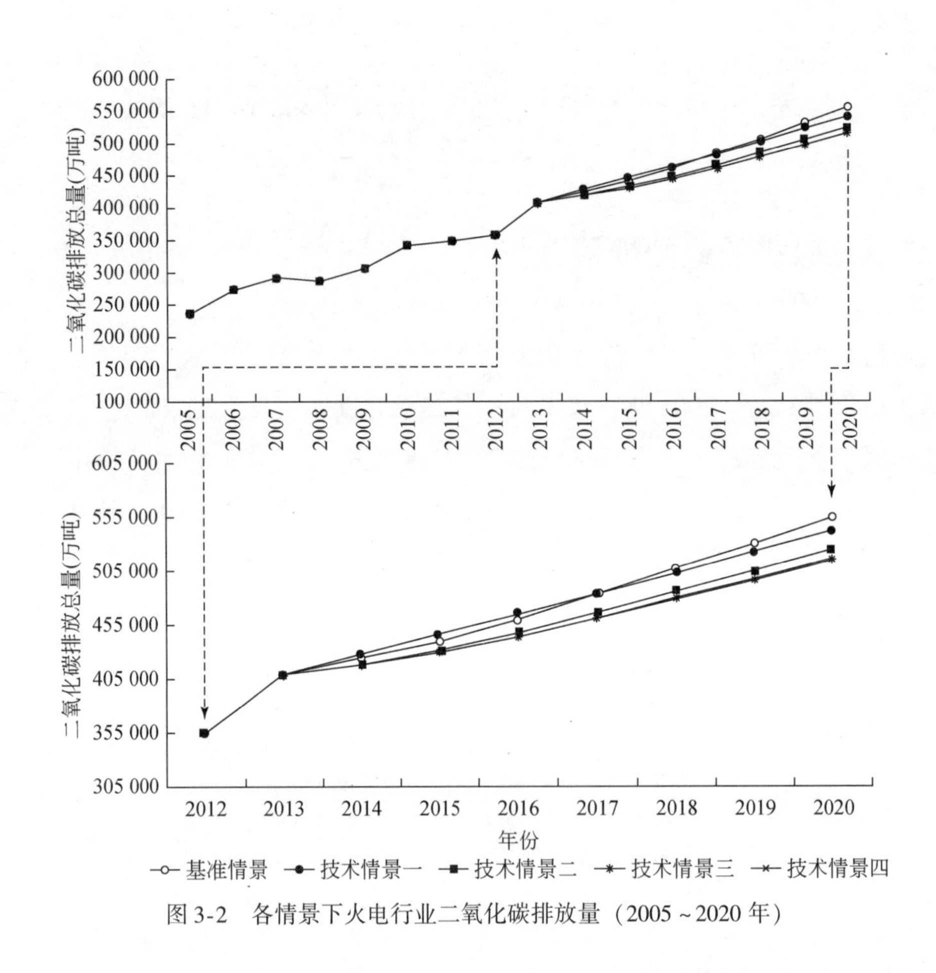

图 3-2 各情景下火电行业二氧化碳排放量（2005 ~ 2020 年）

表 3-7 各情景下火电行业单位国内生产总值二氧化碳排放量下降比例 （单位:%）

年份	基准情景(2005 年为基准)	技术情景一(2005 年为基准)	技术情景二(2005 年为基准)	技术情景三(2005 年为基准)	技术情景四(2005 年为基准)
2005	2005 年基准值	2005 年基准值	2005 年基准值	2005 年基准值	2005 年基准值
2010	16. 59	16. 59	16. 59	16. 59	16. 59
2015	22. 16	20. 93	23. 60	23. 99	23. 89
2020	22. 16	23. 84	26. 37	27. 41	27. 68

2020 年，技术情景一、技术情景二、技术情景三和技术情景四相对于基准情景的减排强度分别提高 1. 68 个百分点、4. 21 个百分点、5. 25 个百分点和 5. 52 个百分点。可以看出，随着火电低碳技术比例的提高，未来火电行业实现降低单位国内生产总值二氧化碳排放量的能力不断提高。然而，即使是低碳技术比例最高的技术情景四，其也不能实现到 2020 年火电行业单位国内生产总值二氧化碳排放量比 2005 年

下降40%~45%的目标。

若从电力行业（含非火力发电方式）的角度来考虑其单位国内生产总值二氧化碳排放量的减排情况，结果依然不容乐观（表3-8）。若以2005年的单位国内生产总值二氧化碳排放量为基准值，则到2020年电力行业在各技术情景下，相对2005年值下降比例分别为32.01%（基准情景）、33.48%（技术情景一）、35.68%（技术情景二）、36.59%（技术情景三）、36.83%（技术情景四）。即使是低碳技术比例最高的技术情景四，电力行业也不能实现到2020年电力行业单位国内生产总值二氧化碳排放量比2005年下降40%~45%的目标。

表3-8　各情景下电力行业单位国内生产总值二氧化碳排放量下降比例（单位：%）

年份	基准情景（2005年为基准）	技术情景一（2005年为基准）	技术情景二（2005年为基准）	技术情景三（2005年为基准）	技术情景四（2005年为基准）
2005	2005年基准值	2005年基准值	2005年基准值	2005年基准值	2005年基准值
2010	22.90	22.90	22.90	22.90	22.90
2015	32.01	30.94	33.26	33.60	33.52
2020	32.01	33.48	35.68	36.59	36.83

本书进一步计算表明，火电行业若要实现到2020年单位国内生产总值二氧化碳排放量比2005年下降40%~45%，则到2020年，火电行业的碳排放量要控制在39.15亿~42.71亿吨，比技术情景四要低17%~24%，单位国内生产总值二氧化碳排放量和单位发电量二氧化碳排放量要分别比技术情景四低19.34万~27.18万吨二氧化碳/亿元和1.49~2.10吨二氧化碳/万千瓦时，亦即仅仅通过现有成熟先进技术的升级和能源结构的调整，火电行业不能实现2020年的节能减排目标，必须结合未来的低碳发电技术，包括低碳燃料发电技术及碳捕集、利用与封存（carbon capture, utilization and storage，CCUS）系列技术等。

三、技术进步成本的情景分析

技术结构的改变会造成火电行业总成本的变化。火电行业的总成本包括生产成本和淘汰成本两个部分。

生产成本既包括可变成本（主要为煤炭、人工等）也包括固定成本（主要为设备投资）。一方面，与传统技术相比，火电行业的低碳技术能效较高，单位发电量所消耗的煤炭等原料较少，故其可变成本相对较低。另一方面，与传统技术相比，火电行业的低碳技术一次性的设备投资又相对较高，故其固定成本相对较高。但是，综合两方面的因素，火电行业低碳技术的生产成本仍然较低。2020 年，技术情景一、技术情景二、技术情景三和技术情景四相对于基准情景的生产成本分别降低了 156 亿元、277 亿元、359 亿元和 414 亿元（表 3-9）。

表 3-9 各情景下火电行业生产成本变化（与基准情景比较） （单位：亿元）

年份	相对于基准情景增加的成本				
	基准情景	技术情景一	技术情景二	技术情景三	技术情景四
2005	基准情景	0	0	0	0
2010	基准情景	0	0	0	0
2015	基准情景	327	-32	-52	-23
2020	基准情景	-156	-277	-359	-414

淘汰成本指的是淘汰落后产能所需要的费用。提高低碳技术在火电行业中的比例就意味着可能需要淘汰部分落后产能，而这些落后产能在被淘汰时仍具有生产能力，仍需考虑其剩余的折旧价值，所以，当低碳技术比例在火电行业中越高的时候，需要淘汰的落后产能也就越多，故其淘汰成本也就越高。2020 年，技术情景一、技术情景二、技术情景三和技术情景四相对于基准情景的淘汰成本分别增加了 0 亿元、294 亿元、783 亿元和 777 亿元（表 3-10）。

表 3-10 各情景下火电行业淘汰成本变化（与基准情景比较） （单位：亿元）

年份	相对于基准情景增加的成本				
	基准情景	技术情景一	技术情景二	技术情景三	技术情景四
2005	基准情景	0	0	0	0
2010	基准情景	0	0	0	0
2015	基准情景	90	199	436	442
2020	基准情景	0	294	783	777

在综合考虑了以上两方面成本后，2020 年，技术情景一相对于基准情景的总成本降低了 156 亿元，技术情景二、技术情景三和技术情景四相对于基准情景的总成本分别增加了 17 亿元、425 亿元和 362 亿元（表 3-11）。这表明，仅提高火电行业低碳技术比例时，火电行业的总成本是降低的，而同时淘汰落后产能时，火电行业的

总成本是增加的。

表 3-11　各情景下火电行业总成本变化（与基准情景比较）　（单位：亿元）

年份	相对于基准情景增加的成本				
	基准情景	技术情景一	技术情景二	技术情景三	技术情景四
2005	基准情景	0	0	0	0
2010	基准情景	0	0	0	0
2015	基准情景	416	167	384	419
2020	基准情景	-156	17	425	362

四、低碳发展的影响因素分析

本书采用 SDA 方法，对火电行业碳排放量的 3 个影响因素（经济总量变化、产业结构变化和技术结构变化）进行了分析。

在三个影响因素共同作用下，即在实际改变情况下，2020 年火电行业碳排放量分别比 2005 年的碳排放量增加 135%（基准情景）、130%（技术情景一）、122%（技术情景二）、119%（技术情景三）、118%（技术情景四）。

1）假设仅技术结构变化，即仅火电行业的超临界及超超临界技术比例逐年变化时（图 3-3），2020 年火电行业碳排放量分别比 2005 年的碳排放量减少 46%（基准情景）、50%（技术情景一）、55%（技术情景二）、57%（技术情景三）、58%（技术情景四）。

2）假设仅产业结构变化，即仅火电行业的工业增加值在国内生产总值中的占比变化时（图 3-3），2020 年火电行业碳排放量分别比 2005 年的碳排放量减少 33%（基准情景）、33%（技术情景一）、32%（技术情景二）、32%（技术情景三）、32%（技术情景四）。

3）假设仅经济总量变化，即仅国内生产总值逐年增长时（图 3-3），2020 年火电行业碳排放量分别比 2005 年的碳排放量增加 214%（基准情景）、212%（技术情景一）、209%（技术情景二）、208%（技术情景三）、208%（技术情景四）。

通过以上分析可知，经济总量变化、产业结构变化和技术结构变化三个因素共同影响了火电行业的碳排放量变化。经济总量变化，即国内生产总值的不断增加，会导致火电行业碳排放量的增加；产业结构变化，即火电行业在全行业中经济比例的下降，会导致火电行业碳排放量的减少；技术结构变化，即火电行业现有低碳技术的比例不断提升，也会导致火电行业碳排放量的减少。目前来看，技术结构的改进和产业结构的调整还不足以弥补经济总量增加所带来的影响。火电行业的碳排放量若想与经济发展实现脱钩、早日达到峰值，则仍需要加大产业结构调整的力度、增加低碳技术的比例。此外，仍然要采取其他的配套措施，如能源结构的调整和未来低碳技术的开发与应用等，亦即火电行业乃至电力行业需要通过多种途径共同协调实现到2020年单位国内生产总值二氧化碳排放量比2005年下降40%~45%的目标。

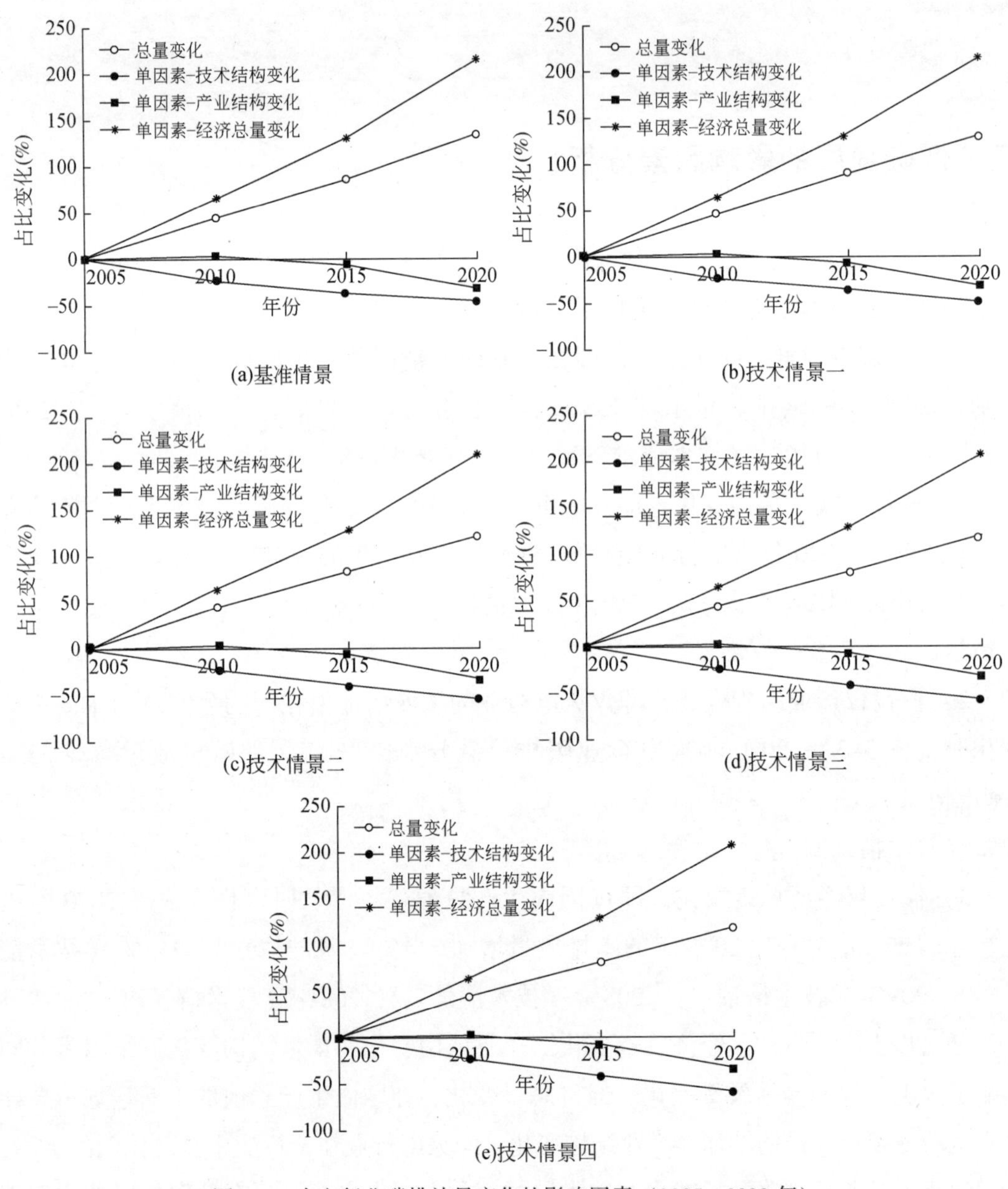

图3-3 火电行业碳排放量变化的影响因素（2005~2020年）

第三节　本 章 小 结

综合上述情景分析，可以得到如下结论（图 3-4、表 3-12 ~ 表 3-16）。

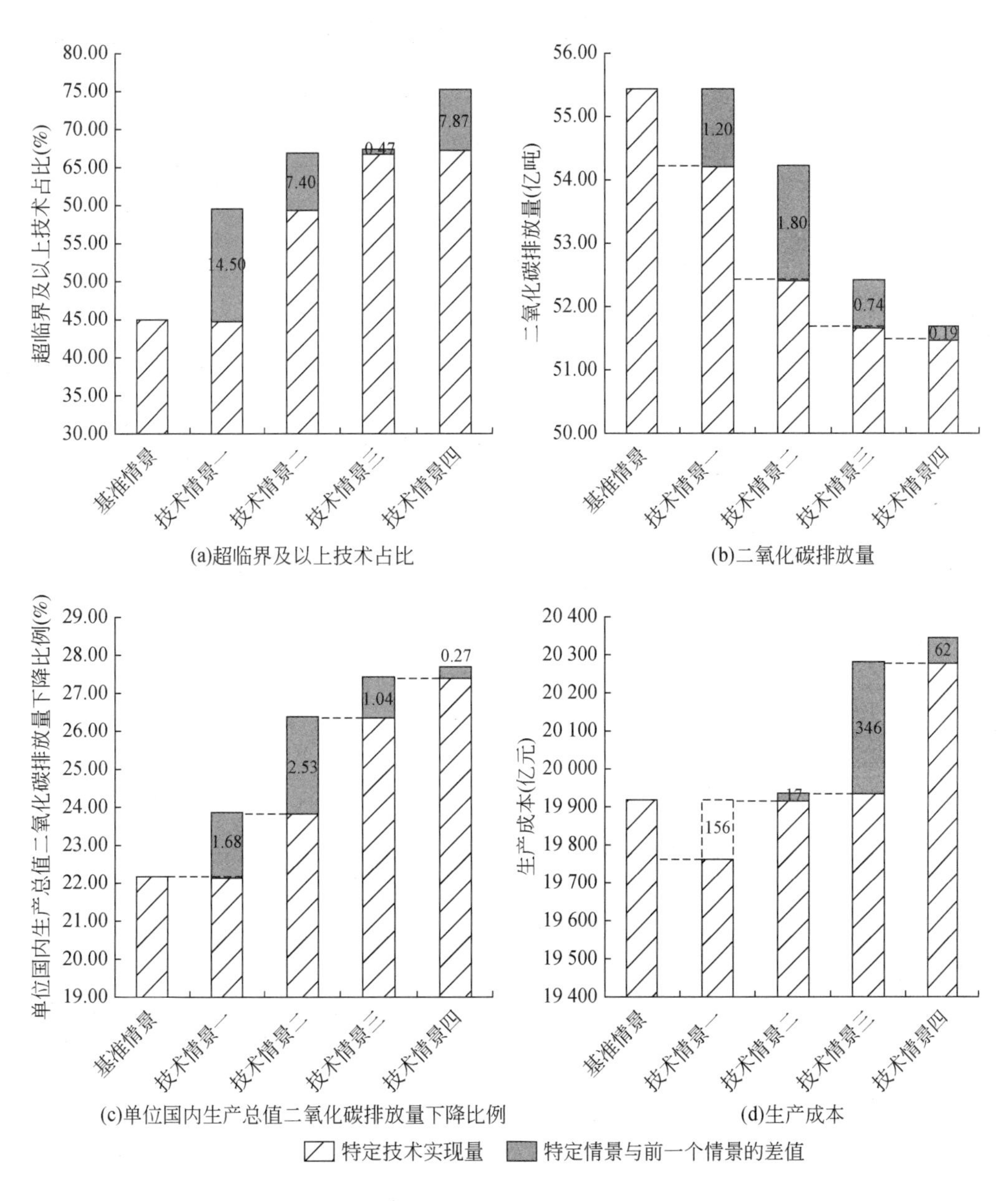

图 3-4　各技术情景低碳发展综合分析

表 3-12 基准情景下的参数指标

参数指标	2005 年	2010 年	2015 年	2020 年
二氧化碳排放量（亿吨）	23.60	34.20	43.95	55.42
火电机组总容量（万千瓦）	39 138	70 967	92 800	117 000
吨火电二氧化碳排放量（吨/千瓦时）	6.030	4.819	4.736	4.736
单位产值排放（万吨/亿千瓦时）下降比例（%）	基准值	16.59	22.16	22.16
超临界以上机组技术比例（%）	11.9	36.8	44.9	44.9
0.6 万~10 万千瓦（中温中压）机组二氧化碳排放量（万吨）	6.50	5.05	5.99	7.55
10 万~30 万千瓦（高温高压）二氧化碳排放量（万吨）	7.42	6.14	5.57	7.03
30 万~60 万千瓦（亚临界，以及部分流化床 4%）二氧化碳排放量（万吨）	7.32	11.62	14.27	17.99
60 万千瓦（超临界/超超临界，以及部分流化床 3%）二氧化碳排放量（万吨）	2.36	11.39	18.12	22.85

表 3-13 技术情景一下的参数指标

参数指标	2005 年	2010 年	2015 年	2020 年
二氧化碳排放量（亿吨）	23.60	34.20	44.64	54.22
火电机组总容量（万千瓦）	39 138	70 967	92 800	117 000
吨火电二氧化碳排放量（吨/千瓦时）	6.030	4.819	4.811	4.634
单位产值排放（万吨/亿千瓦时）下降比例（%）	基准值	16.59	20.93	23.84
超临界以上机组技术比例（%）	11.9	36.8	51.2	59.4
0.6 万~10 万千瓦（中温中压）机组二氧化碳排放量（万吨）	6.50	5.05	5.57	5.57
10 万~30 万千瓦（高温高压）二氧化碳排放量（万吨）	7.42	6.14	5.18	5.18
30 万~60 万千瓦（亚临界以，以及部分流化床 4%）二氧化碳排放量（万吨）	7.32	11.62	13.25	13.25
60 万千瓦（超临界/超超临界，以及部分流化床 3%）二氧化碳排放量（万吨）	2.36	11.39	20.65	30.22
比基准情景增加的成本（亿元）	0.00	0.00	416.47	-155.54

表 3-14 技术情景二下的参数指标

参数指标	2005 年	2010 年	2015 年	2020 年
二氧化碳排放量（亿吨）	23.60	34.20	43.14	52.42
火电机组总容量（万千瓦）	39 138	70 967	92 800	117 000
吨火电二氧化碳排放量（吨/千瓦时）	6.030	4.819	4.649	4.480

续表

参数指标	2005 年	2010 年	2015 年	2020 年
单位产值排放（万吨/亿千瓦时）下降比例（%）	基准值	16.59	23.60	26.37
超临界以上机组技术比例（%）	11.9	36.8	52.7	66.8
0.6 万～10 万千瓦（中温中压）机组二氧化碳排放量（万吨）	6.50	5.05	3.46	0.00
10 万～30 万千瓦（高温高压）二氧化碳排放量（万吨）	7.42	6.14	5.18	5.18
30 万～60 万千瓦（亚临界，以及部分流化床 4%）二氧化碳排放量（万吨）	7.32	11.62	13.25	13.25
60 万千瓦（超临界/超超临界，以及部分流化床 3%）二氧化碳排放量（万吨）	2.36	11.39	21.26	33.99
比基准情景增加的成本（亿元）	0.00	0.00	166.75	16.53

表 3-15 技术情景三下的参数指标

参数指标	2005 年	2010 年	2015 年	2020 年
二氧化碳排放量（亿吨）	23.60	34.20	42.92	51.68
火电机组总容量（万千瓦）	39 138	70 967	92 800	117 000
吨火电二氧化碳排放量（吨/千瓦时）	6.030	4.819	4.625	4.417
单位产值排放（万吨/亿千瓦时）下降比例（%）	基准值	16.59	23.99	27.41
超临界以上机组技术比例（%）	11.9	36.8	51.8	67.3
0.6 万～10 万千瓦（中温中压）机组二氧化碳排放量（万吨）	6.50	5.05	3.46	0.00
10 万～30 万千瓦（高温高压）二氧化碳排放量（万吨）	7.42	6.14	3.49	0.00
30 万～60 万千瓦（亚临界，以及部分流化床 4%）二氧化碳排放量（万吨）	7.32	11.62	15.07	17.45
60 万千瓦（超临界/超超临界，以及部分流化床 3%）二氧化碳排放量（万吨）	2.36	11.39	20.91	34.23
比基准情景增加的成本（亿元）	0.00	0.00	384.08	424.54

表 3-16 技术情景四下的参数指标

参数指标	2005 年	2010 年	2015 年	2020 年
二氧化碳排放量（亿吨）	23.60	34.20	42.97	51.48
火电机组总容量（万千瓦）	39 138	70 967	92 800	117 000
吨火电二氧化碳排放量（吨/千瓦时）	6.030	4.819	4.631	4.400
单位产值排放（万吨/亿千瓦时）下降比例（%）	基准值	16.59	23.89	27.68
超临界以上机组技术比例（%）	11.9	36.8	56.5	75.2

续表

参数指标	2005 年	2010 年	2015 年	2020 年
0.6 万~10 万千瓦（中温中压）机组二氧化碳排放量（万吨）	6.50	5.05	3.46	0.00
10 万~30 万千瓦（高温高压）二氧化碳排放量（万吨）	7.42	0.37	0.53	0.00
30 万~60 万千瓦（亚临界，以及部分流化床 4%）二氧化碳排放量（万吨）	7.32	11.62	13.25	13.25
60 万千瓦（超临界/超超临界，以及部分流化床 3%）二氧化碳排放量（万吨）	2.36	11.39	22.78	38.23
比基准情景增加的成本（亿元）	0.00	0.00	418.96	362.45

1）火电行业仅通过现有成熟先进技术的升级是不能达到 2020 年单位国内生产总值二氧化碳排放量比 2005 年下降 40%~45% 这一目标，必须发展未来的先进低碳技术。技术情景四表明在全面推广现有成熟低碳技术的基础上，低碳技术（超临界及以上）每提高 1 个百分点，则 2020 年，火电行业的二氧化碳排放量会相应减少 0.08 亿~0.17 亿吨，单位国内生产总值碳排放量比 2005 年整体下降 27.68%，与 2020 年目标的单位国内生产总值二氧化碳排放量和单位发电量二氧化碳排放量分别存在 19.34 万~27.18 万吨二氧化碳/亿元和 1.49~2.10 吨二氧化碳/万千瓦时的差距。因此，探索开发更先进的低碳节能技术，同时结合二氧化碳资源利用等方式，进一步降低能耗、提高效率是电力行业未来发展的主要方向。

2）淘汰落后产能和发展先进技术同时对火电行业成本产生重要影响。淘汰落后产能会增加火电行业的成本，而采用先进技术则会降低火电行业的成本。总体来看，当两者同时进行时，火电行业的总成本会有所增加。2020 年，既淘汰落后产能又增加低碳技术比例的技术情景四的总成本比基准情景增加了 362 亿元。

3）行业排放与能源结构、经济结构、行业技术升级等存在密切联系：一方面，国家经济发展带动火电行业发展，相应的二氧化碳排放量持续增加；另一方面，结构调整和低碳技术的升级推广可以降低能耗、提高效率，进而降低排放。只有综合发展，通过调整能源结构、调整经济结构、推广低碳技术和开发未来技术等多种途径共同作用，才能使电力行业实现到 2020 年单位国内生产总值二氧化碳排放量比 2005 年下降 40%~45% 的目标。

第四章　钢铁行业低碳发展[①]

本章重点讨论在现有成熟的低碳技术和成本的基础上，钢铁行业按照未来不同低碳技术发展情景，即目标年提高钢铁行业现有先进低碳技术比例，对实现2020年该行业单位国内生产总值二氧化碳排放量比2005年下降40%~45%这一目标的影响。同时，基于现有成熟低碳技术投入对减排潜力的分析，进一步分析已有落后产能淘汰及新技术建设的投入，从而可深入分析技术比例变化对生产成本的综合影响。基于这样的研究目标，本书中采用的情景分析法，可在设置不同技术情景的前提下，分别计算对应情景下特定行业在2020年的碳排放量、单位国内生产总值碳排放量及生产成本综合变化。通过调整不同情景的低碳技术比例，来实现分析在现有成熟低碳技术参数不变而比例变化的前提下，对节能减排效果的定量计算，从而可以较好地判断低碳技术提高对特定行业减排的影响。

第一节　钢铁行业技术情景设置

2013年，中国粗钢产量为8.2亿吨，占世界粗钢产量的49.5%[②]。其中，长流程生产工艺和短流程生产工艺在粗钢产量中的占比分别达到91.2%和8.8%（The European Cement Association，2013）。相对先进的生产工艺及低碳技术的推广，使我国吨钢综合能耗不断下降，从2005年的694.0千克标准煤/吨钢，下降至2010年的604.6千克标准煤/吨钢（中国金属学会和中国钢铁工业协会，2012）。2013年，中国以钢铁为主的黑色金属制造业能源消耗量为79 203万吨标准煤[③]。2009年的钢铁工业二氧化碳排放量达到10亿吨（研究计算值）（见2.2节）。

---

① 本章作者：苏昕、汪鸣泉、雷杨。

② 数据来自《中国钢铁工业年鉴2014》及相关报告（The European Cement Association，2013）。

③ 数据来自《中国能源统计年鉴2015》。

国家发展和改革委员会制定的《国家应对气候变化规划（2014—2020 年）》指出，2020 年钢铁行业二氧化碳排放总量基本稳定在“十二五”规划期末的水平。工业和信息化部《钢铁工业“十二五”发展规划》指出中国的粗钢需求量可能在“十二五”规划期间进入峰值弧顶区，峰值为 7.7 亿 ~ 8.2 亿吨，钢铁工业单位工业增加值能耗和二氧化碳排放量于“十二五”规划期末，实现降低 18% 的目标。

根据钢铁行业发展现状及技术发展的国家宏观规划，本书针对钢铁技术减排的情景设置有如下考虑：通过调整长流程技术和短流程技术生产新增粗钢的比例来控制各技术情景中低碳技术（短流程技术）的比例，从而保证低碳技术（短流程技术）的比例依次升高。2020 年（图 4-1），基准情景、技术情景一、技术情景二、技术情景三中短流程技术的占比分别为 10.69%、10.84%、13.52% 和 16.19%。

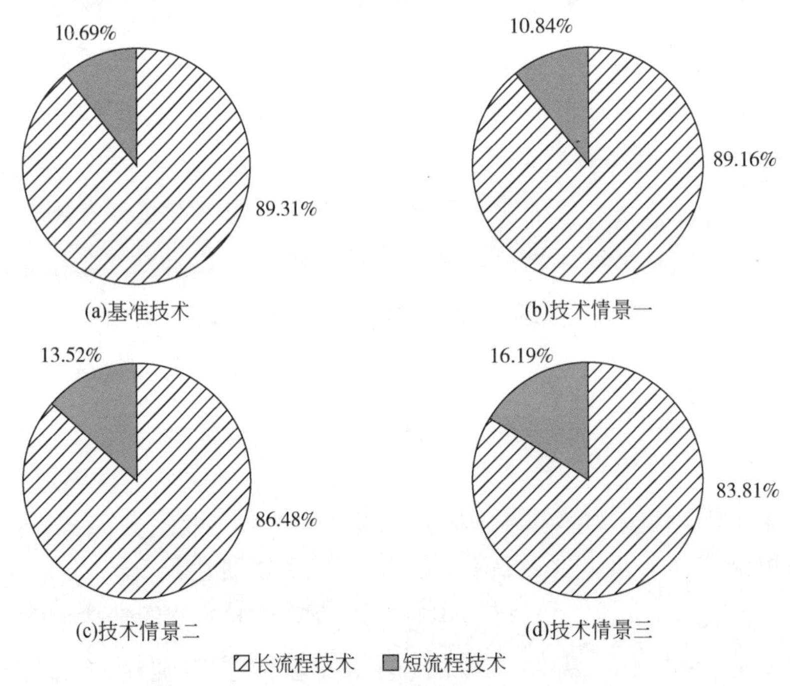

图 4-1　各情景下钢铁行业各种技术的比例（2020 年）

与此同时，基准情景与各技术情景中，落后技术（长流程技术）的比例大体上在逐年下降，低碳技术（短流程技术）的比例大体上在逐年增加。

基准情景中（表 4-1），2005 ~ 2020 年，长流程技术比例上升了 1.06 个百分点，短流程技术比例下降了 1.06 个百分点，由于长短流程技术在 2005 ~ 2012 年呈现小幅波动变化（波动的原因主要来自于废钢的供应量及工业电价），造成了基准情景下长流程技术的占比在未来反而有小幅上升。

表 4-1　基准情境下各技术的比例　　（单位:%）

年份	长流程技术	短流程技术
2005	88.25	11.75
2010	89.61	10.38
2015	89.31	10.69
2020	89.31	10.69

技术情景一中（表 4-2），2005～2020 年，长流程技术比例上升了 0.91 个百分点，相应的短流程技术比例下降了 0.91 个百分点，长流程技术占比上升的原因与基准情景类似。

表 4-2　技术情景一下各技术的比例　　（单位:%）

年份	长流程技术	短流程技术
2005	88.25	11.75
2010	89.61	10.38
2015	90.35	9.64
2020	89.16	10.84

技术情景二中（表 4-3），2005～2020 年，长流程技术比例下降了 1.77 个百分点，相应的短流程技术比例上升了 1.77 个百分点。

表 4-3　技术情景二下各技术的比例　　（单位:%）

年份	长流程技术	短流程技术
2005	88.25	11.75
2010	89.61	10.38
2015	89.29	10.70
2020	86.48	13.52

技术情景三中（表 4-4），2005～2020 年，长流程技术比例下降了 4.44 个百分点，相应的短流程技术比例上升了 4.44 个百分点。

表 4-4 技术情景三下各技术的比例 （单位：%）

年份	长流程技术	短流程技术
2005	88.25	11.75
2010	89.61	10.38
2015	88.24	11.76
2020	83.81	16.19

第二节 钢铁行业低碳技术发展分析

一、二氧化碳排放量的情景分析

通过情景分析可知，钢铁行业在未来不同技术情景下的二氧化碳排放量存在差异（表4-5和图4-2）。2005年，钢铁行业的二氧化碳排放量为9.12亿吨，2020年，在各技术情景下，分别增长为：17.68亿吨（基准情景）、17.66亿吨（技术情景一）、17.38亿吨（技术情景二）、17.10亿吨（技术情景三），相比于2005年分别增长了93.9%、93.7%、90.6%和87.5%。同时，2020年，技术情景一相对于基准情景的排放量减少了0.09%，技术情景二相对于基准情景的排放量减少了1.69%，技术情景三相对于基准情景的排放量减少了3.29%。随着钢铁低碳技术比例的提高，未来钢铁行业二氧化碳减排潜力不断提高。

表 4-5 各情景下钢铁行业二氧化碳排放量 （单位：亿吨）

年份	基准情景	技术情景一	技术情景二	技术情景三
2005	9.12	9.12	9.12	9.12
2010	14.30	14.30	14.30	14.30
2015	16.79	16.90	16.79	16.68
2020	17.68	17.66	17.38	17.10

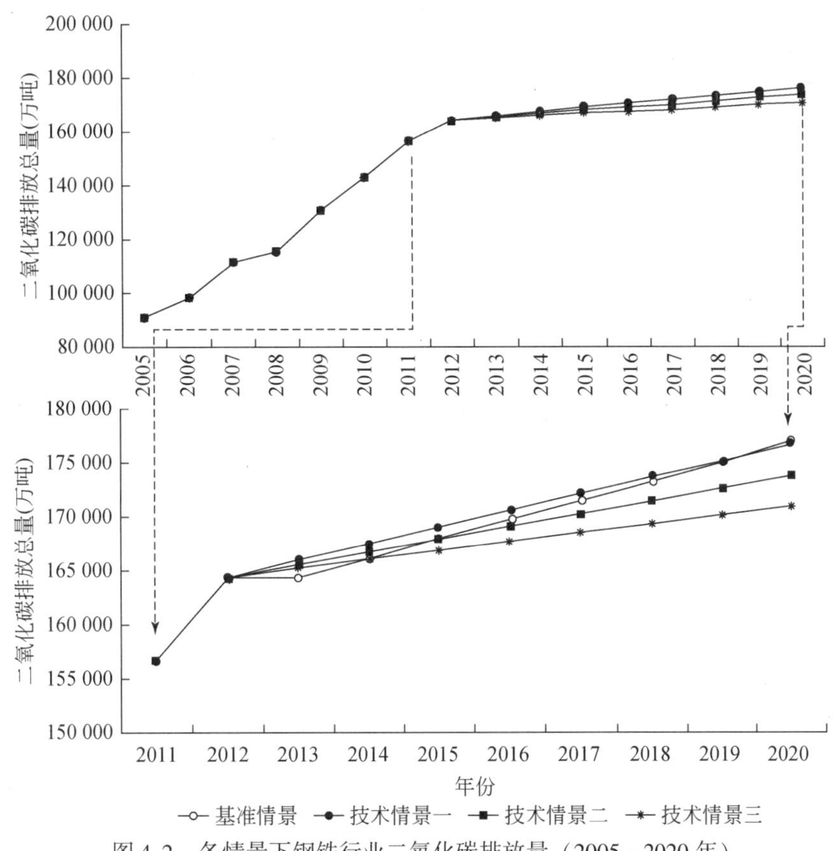

图 4-2　各情景下钢铁行业二氧化碳排放量（2005～2020 年）

二、单位国内生产总值二氧化碳排放量的情景分析

在未来不同技术情景下，钢铁行业单位国内生产总值的二氧化碳排放量存在差异（表 4-6）。若以 2005 年的单位国内生产总值二氧化碳排放量为基准值，则到 2020 年在各技术情景下，相对 2005 年值下降比例分别为 15.70%（基准情景）、15.77%（技术情景一）、17.12%（技术情景二）、18.47%（技术情景三）。

表 4-6　各情景下钢铁行业单位国内生产总值二氧化碳排放量下降比例（单位:%）

年份	基准情景（2005 年为基准）	技术情景一（2005 年为基准）	技术情景二（2005 年为基准）	技术情景三（2005 年为基准）
2005	2005 年基准值	2005 年基准值	2005 年基准值	2005 年基准值
2010	21.87	21.87	21.87	21.87
2015	15.70	15.17	15.71	16.24
2020	15.70	15.77	17.12	18.47

2020年，技术情景一相对于基准情景的减排强度提高0.07个百分点，技术情景二相对于基准情景的减排强度提高1.42个百分点，技术情景三相对于基准情景的减排强度提高2.77个百分点。可以看出，随着钢铁低碳技术比例的提高，未来钢铁行业实现降低单位国内生产总值二氧化碳排放量的能力不断提高。然而，即使是低碳技术比例最高的技术情景三，其也不能实现到2020年钢铁行业单位国内生产总值二氧化碳排放量比2005年下降40%~45%的目标。

本书进一步计算表明，钢铁行业若要完成到2020年单位国内生产总值二氧化碳排放量比2005年下降40%~45%的目标，则到2020年，钢铁行业的碳排放量要控制在11.53亿~12.58亿吨，比技术情景三要低26%~33%，单位国内生产总值二氧化碳排放量和单位粗钢二氧化碳排放量要分别比技术情景三低3.98万~4.90万吨二氧化碳/亿元和0.57~0.70吨二氧化碳/吨粗钢，亦即仅仅通过现有成熟先进技术的升级和能源结构的调整，不能实现2020年的节能减排目标，必须加强未来钢铁行业低碳技术的研发与推广。

三、技术进步成本的情景分析

技术结构的改变会造成钢铁行业总成本的变化。由于钢铁产量在2015~2020年会达到峰值，在此前仍有小幅度增加，在提高低碳技术（短流程技术）比例的同时，不涉及淘汰长流程技术，故本书中钢铁行业的总成本即指生产成本，不包含淘汰成本。

生产成本既包括可变成本（主要为铁矿石、人工等）也包括固定成本（主要为设备投资）。一方面，与传统技术相比，钢铁行业的低碳技术能效较高，单位粗钢所消耗的铁矿石等原料较少，故其可变成本相对较低。另一方面，与传统技术相比，钢铁行业的低碳技术一次性的设备投资又相对较高，故其固定成本相对较高。综合两方面的因素，钢铁行业低碳技术的生产成本较高。2020年，技术情景一、技术情景二和技术情景三相对于基准情景的生产成本分别增加了5亿元、98亿元和191亿元（表4-7）。这也就是说当提高低碳技术比例的时候，钢铁行业的总成本会增加，而这种增加是由于采用了较为先进的短流程技术，其固定成本增加所致。可见，未来一个阶段，如何降低短流程技术的总成本将成为短流程技术推广的关键因素。

表 4-7 各情景下钢铁行业生产成本变化（与基准情景比较） （单位：亿元）

年份	相对于基准情景增加的成本			
	基准情景	技术情景一	技术情景二	技术情景三
2005	基准情景	0	0	0
2010	基准情景	0	0	0
2015	基准情景	−36	−1	34
2020	基准情景	5	98	191

四、低碳发展的影响因素分析

本书采用SDA方法，对钢铁行业碳排放量的三个影响因素（经济总量变化、产业结构变化和技术结构变化）进行了分析（图4-3）。

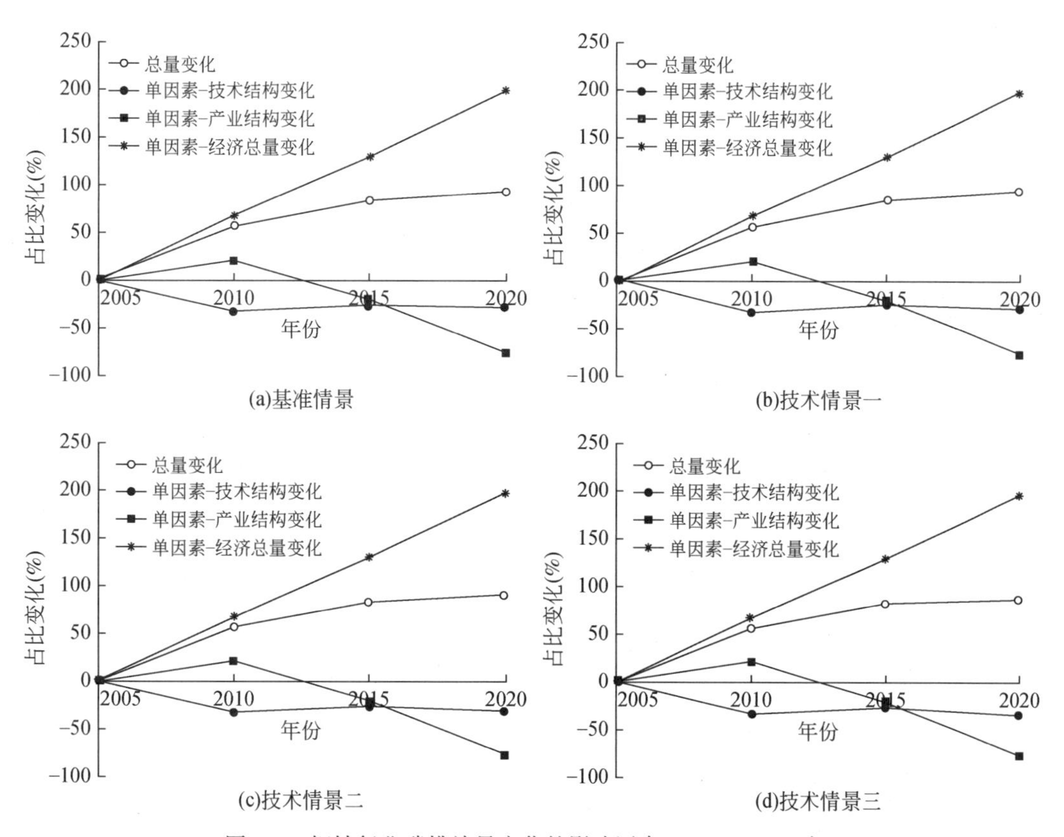

图4-3 钢铁行业碳排放量变化的影响因素（2005～2020年）

在三个影响因素共同作用下，即在实际改变情况下，2020 年钢铁行业碳排放量分别比 2005 年的碳排放量增加 94%（基准情景）、94%（技术情景一）、91%（技术情景二）、87%（技术情景三）。

1）假设仅技术结构变化，即仅钢铁行业的长流程技术和短流程技术比例逐年变化时（图 4-3），2020 年钢铁行业碳排放量分别比 2005 年的碳排放量减少 28%（基准情景）、29%（技术情景一）、31%（技术情景二）、33%（技术情景三）。

2）假设仅产业结构变化，即仅钢铁行业的工业增加值在国内生产总值中的占比变化时（图 4-3），2020 年钢铁行业碳排放量分别比 2005 年的碳排放量减少 76%（基准情景）、76%（技术情景一）、75%（技术情景二）、75%（技术情景三）。

3）假设仅经济总量变化，即仅国内生产总值逐年增长时（图 4-3），2020 年钢铁行业碳排放量分别比 2005 年的碳排放量增加 198%（基准情景）、198%（技术情景一）、197%（技术情景二）、196%（技术情景三）。

通过以上分析可知，经济总量变化、产业结构变化和技术结构变化三个因素共同影响了钢铁行业的碳排放量变化。经济总量变化，即国内生产总值的不断增加，会导致钢铁行业碳排放量的增加；产业结构变化，即钢铁行业在全行业中经济比例的下降，会导致钢铁行业碳排放量的减少；技术结构变化，即钢铁行业现有低碳技术的比例不断提升，也会导致钢铁行业碳排放量的减少。目前来看，技术结构的改进和产业结构的调整还不足以弥补经济总量增加所带来的影响。钢铁行业的碳排放量若想与经济发展实现脱钩、早日达到峰值，则仍需要加大产业结构调整的力度、增加低碳技术的比例。此外，仍然要采取其他的配套措施，如能源结构的调整和未来低碳技术的开发与应用等，亦即钢铁行业需要通过多种途径共同协调实现到 2020 年单位国内生产总值二氧化碳排放量比 2005 年下降 40%~45% 的目标。

第三节　本章小结

综合上述情景分析，可以得到如下结论（图 4-4、表 4-8 ~ 表 4-11）。

1）钢铁行业仅通过现有成熟先进技术的升级是不能达到 2020 年单位国内生产总值二氧化碳排放量比 2005 年下降 40%~45% 这一目标，必须发展未来的先进低碳技术。技术情景三表明在全面推广现有成熟低碳技术的基础上，低碳技术（短流程技术）每提高 1 个百分点，则 2020 年，钢铁行业的二氧化碳排放量会相应减少 0.11 亿吨，单位国内生产总值二氧化碳排放量比 2005 年整体下降 18.47%，与 2020 年目标的单位国内生产总值二氧化碳排放量和单位发电量二氧化碳排放量分别存在3.98万～4.90万吨二氧化碳/亿元和0.57～0.70吨二氧化碳/吨粗钢的差距。因此，探索开发更先进的低碳节能技术，进一步降低能耗、提高效率是钢铁行业未来发展的主要方向。

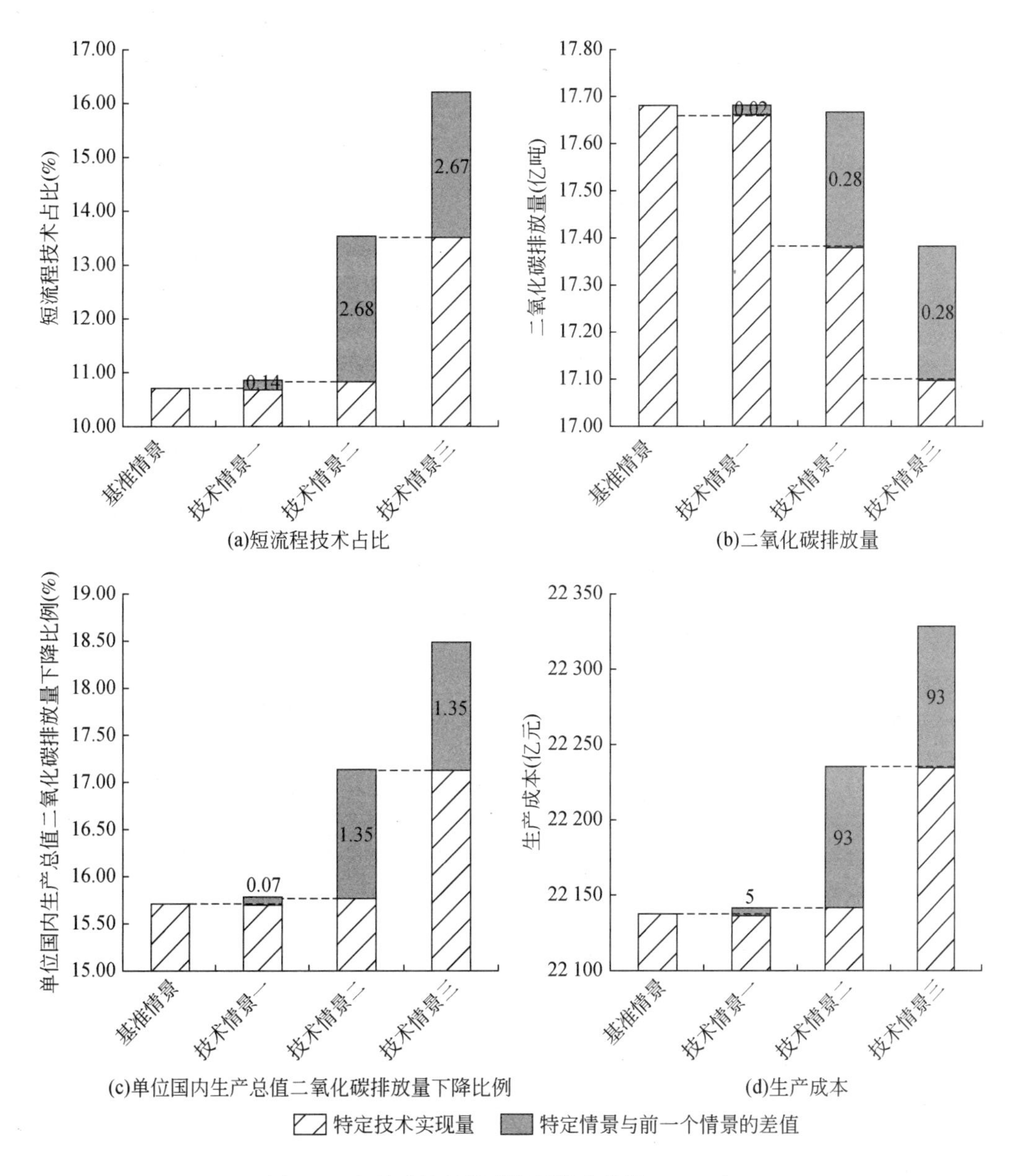

图4-4 各技术情景低碳发展综合分析（2020年）

表 4-8　基准情景下的参数指标

参数指标	2005 年	2010 年	2015 年	2020 年
二氧化碳排放量（亿吨）	9.12	14.30	16.79	17.68
粗钢产量（万吨）	35 579	63 874	75 502	79 500
吨钢二氧化碳排放量（吨）	2.563	2.239	2.224	2.224
单位国内生产总值二氧化碳排放量下降比例（%）	基准值	21.87	15.70	15.70
短流程占比（%）	11.7	10.4	10.7	10.7

表 4-9　技术情景一下的参数指标

参数指标	2005 年	2010 年	2015 年	2020 年
二氧化碳排放量（亿吨）	9.12	14.30	16.90	17.66
粗钢产量（万吨）	35 579	63 874	75 502	79 500
吨钢二氧化碳排放量（吨）	2.563	2.239	2.238	2.222
单位国内生产总值二氧化碳排放量下降比例（%）	基准值	21.87	15.17	15.77
短流程占比（%）	11.7	10.4	9.6	10.8
比基准情景增加的成本（亿元）	0	0	-36	5

表 4-10　技术情景二下的参数指标

参数指标	2005 年	2010 年	2015 年	2020 年
二氧化碳排放量（亿吨）	9.12	14.30	16.79	17.38
粗钢产量（万吨）	35 579	63 874	75 502	79 500
吨钢二氧化碳排放量（吨）	2.563	2.239	2.224	2.186
单位国内生产总值二氧化碳排放量下降比例（%）	基准值	21.87	15.71	17.12
短流程占比（%）	11.7	10.4	10.7	13.5
比基准情景增加的成本（亿元）	0	0	-36	98

表 4-11　技术情景三下的参数指标

参数指标	2005 年	2010 年	2015 年	2020 年
二氧化碳排放量（亿吨）	9.12	14.30	16.68	17.10
粗钢产量（万吨）	35 579	63 874	75 502	79 500
吨钢二氧化碳排放量（吨）	2.563	2.239	2.210	2.151
单位国内生产总值二氧化碳排放量下降比例（%）	基准值	21.87	16.24	18.47
短流程占比（%）	11.7	10.4	11.8	16.2
比基准情景增加的成本（亿元）	0	0	34	191

2）发展先进技术会对钢铁行业成本产生重要影响。一方面，低碳技术（短流程技术）的生产成本相对较低，另一方面，其一次性的固定投资相对较高，综合来看，当提高钢铁行业低碳技术比例的时候，其总成本会提高。2020 年，技术情景三的总成本比基准情景增加了 191 亿元。

3）行业排放与能源结构、经济结构、行业技术升级等存在密切联系：一方面，国家经济发展带动钢铁行业发展，相应的二氧化碳排放量持续增加；另一方面，结构调整和低碳技术的升级推广可以降低能耗、提高效率，进而降低排放。只有综合发展，通过调整能源结构、调整经济结构、推广低碳技术和开发未来技术等多种途径共同作用，才能使钢铁行业实现到 2020 年单位国内生产总值二氧化碳排放量比 2005 年下降 40%~45% 的目标。

第五章　水泥行业低碳发展[①]

本章重点讨论在现有成熟的低碳技术和成本的基础上，水泥行业按照未来不同低碳技术发展情景，即目标年提高水泥行业现有先进低碳技术比例，对实现2020年该行业单位国内生产总值二氧化碳排放量比2005年下降40%~45%这一目标的影响。同时，基于现有成熟低碳技术投入对减排潜力的分析，进一步分析已有落后产能淘汰及新技术建设的投入，从而可深入分析技术比例变化对生产成本的综合影响。基于这样的研究目标，本书中采用的情景分析法，可在设置不同技术情景的前提下，分别计算对应情景下特定行业在2020年的碳排放量、单位国内生产总值碳排放量及生产成本综合变化。通过调整不同情景的低碳技术比例，来实现分析在现有成熟低碳技术参数不变而比例变化的前提下，对节能减排效果的定量计算，从而可以较好地判断低碳技术提高对于特定行业减排的影响。

第一节　水泥行业技术情景设置

2014年，中国水泥的总产量为24.76亿吨，占全球总产量的59.23%（The Boston Consulting Group，2013；中国科学院碳专项水泥子课题组，2015）。其中，新型干法技术生产的水泥量约占国内水泥总产量的93%（中国水泥协会，2015），水泥生产的综合能耗不断下降，从2005年的129.1千克标准煤/吨水泥产量，下降到2010年的106.9千克标准煤/吨水泥产量（Zhang et al.，2015）。2013年，中国水泥全行业消耗能源为2.58亿吨标准煤，共计排放13.12亿吨二氧化碳（Liu et al.，2015）。

根据《国家应对气候变化规划（2014—2020年）》中的要求，到2020年水泥行业二氧化碳排放总量基本稳定在“十二五”规划期末的水平（国家发展和改革委员会，2014）。

① 本章作者：汪鸣泉、苏昕、雷杨。

根据水泥行业发展现状及技术发展的国家宏观规划，本书针对水泥技术减排的情景设置有如下考虑：由于水泥的规划产量比现在有所减少，而且低碳技术（新型干法技术）的比例已经很高（91%），故继续通过提高其比例来构造技术情景，保证各技术情景中低碳技术（新型干法技术）的比例不断提高。2020 年（图 5-1），基准情景、技术情景一、技术情景二、技术情景三中短流程的占比分别为 91%、95%、97.5%和 100%。

与此同时，基准情景与各技术情景中，落后技术的比例逐年下降，低碳技术（短流程技术）的比例大幅度增加。

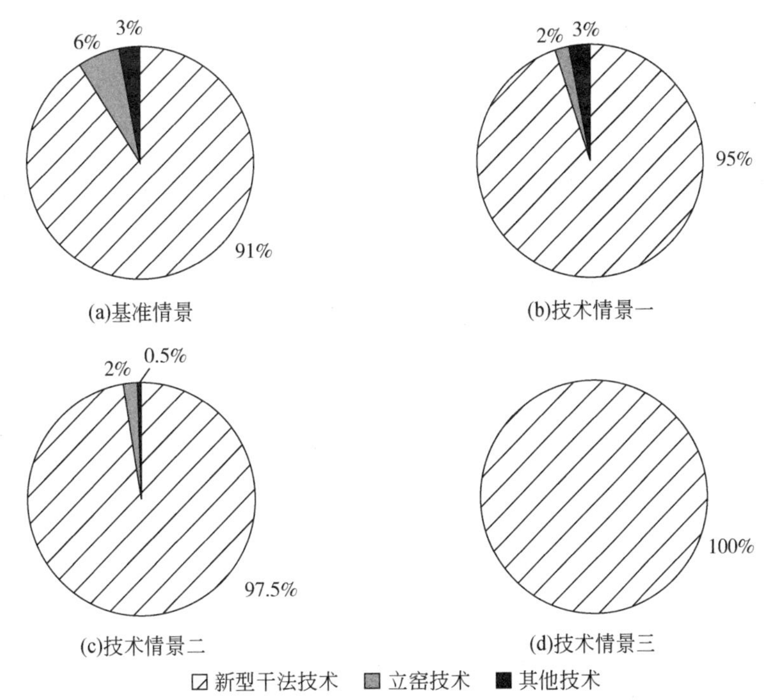

图 5-1　各情景下水泥行业各种技术的比例（2020 年）

基准情景中（表 5-1），2005 ~ 2020 年，立窑技术比例下降了 29 个百分点，其他技术比例下降了 22 个百分点，而新型干法技术比例上升了 51 个百分点，达到 91%。

表 5-1　基准情境下各技术的比例　（单位：%）

年份	新型干法技术	立窑技术	其他技术
2005	40	35	25
2010	81	15	4
2015	91	6	3
2020	91	6	3

技术情景一中（表5-2），2005～2020年，立窑技术比例下降了33个百分点，其他技术比例下降了22个百分点，而新型干法技术比例上升了55个百分点，达到95%。

表5-2 技术情景一下各技术的比例 （单位：%）

年份	新型干法技术	立窑技术	其他技术
2005	40	35	25
2010	81	15	4
2015	93	2	6
2020	95	2	3

技术情景二中（表5-3），2005～2020年，立窑技术比例下降了33个百分点，其他技术比例下降了24个百分点，而新型干法技术比例上升了58个百分点，达到98%。

表5-3 技术情景二下各技术的比例 （单位：%）

年份	新型干法技术	立窑技术	其他技术
2005	40	35	25
2010	81	15	4
2015	93	2	5
2020	97.5	2	0.5

技术情景三中（表5-4），2005～2020年，立窑技术比例下降了35个百分点，全部淘汰，其他技术比例下降了25个百分点，全部淘汰，而新型干法技术比例上升了60个百分点，达到100%。

表5-4 技术情景三下各技术的比例 （单位：%）

年份	新型干法技术	立窑技术	其他技术
2005	40	35	25
2010	81	15	4
2015	95	2	3
2020	100	0	0

第二节 水泥行业低碳技术发展分析

一、二氧化碳排放量的情景分析

通过情景分析可知，水泥行业在未来不同技术情景下的二氧化碳排放量存在差异（表5-5和图5-2）。2005年，水泥行业的二氧化碳排放量为7.80亿吨，2020年，在各技术情景下，分别增长为：11.19亿吨（基准情景）、11.14亿吨（技术情景一）、11.03亿吨（技术情景二）、10.98亿吨（技术情景三），相比于2005年分别增长了43.5%、42.8%、41.4%和40.8%。2020年，技术情景一相对于基准情景的排放量减少了0.45%，技术情景二相对于基准情景的排放量减少了1.46%，技术情景三相对于基准情景的排放量减少了1.89%。随着水泥低碳技术比例的提高，未来水泥行业二氧化碳减排潜力不断提高。

表5-5 各情景下水泥行业二氧化碳排放量 （单位：亿吨）

年份	基准情景	技术情景一	技术情景二	技术情景三
2005	7.80	7.80	7.80	7.80
2010	10.83	10.83	10.83	10.83
2015	11.94	12.01	11.99	11.90
2020	11.19	11.14	11.03	10.98

二、单位国内生产总值二氧化碳排放量的情景分析

在未来不同技术情景下，水泥行业单位国内生产总值的二氧化碳排放量存在差异（表5-6）。若以2005年的单位国内生产总值二氧化碳排放量为基准值，则到2020年在各技术情景下，相对2005年值下降比例分别为36.66%（基准情景）、36.94%（技术情景一）、37.58%（技术情景二）、37.85%（技术情景三）。

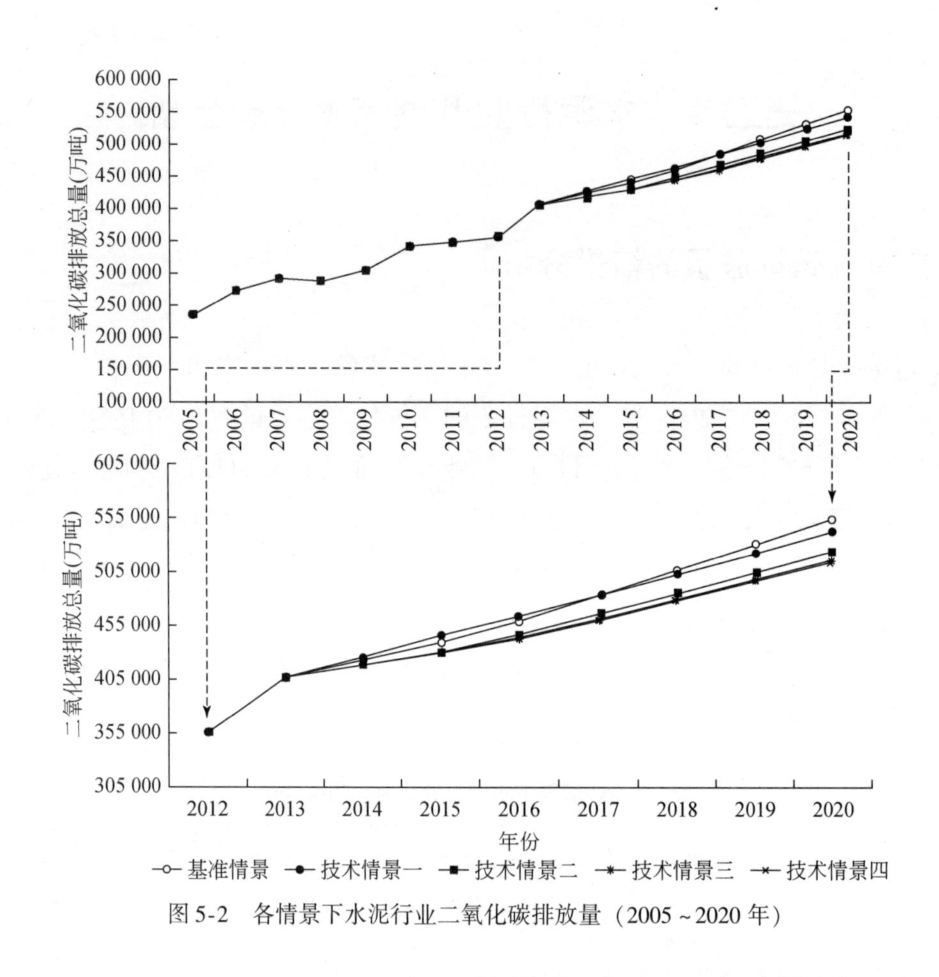

图 5-2 各情景下水泥行业二氧化碳排放量（2005～2020 年）

表 5-6 各情景下水泥行业单位国内生产总值二氧化碳排放量下降比例 （单位：%）

年份	基准情景（2005 年为基准）	技术情景一（2005 年为基准）	技术情景二（2005 年为基准）	技术情景三（2005 年为基准）
2005	2005 年基准值	2005 年基准值	2005 年基准值	2005 年基准值
2010	30.30	30.30	30.30	30.30
2015	43.46	43.13	43.23	43.64
2020	36.66	36.94	37.58	37.85

2020 年，技术情景一相对于基准情景的减排强度提高了 0.28 个百分点，技术情景二相对于基准情景的减排强度提高了 0.92 个百分点，技术情景三相对于基准情景的减排强度提高了 1.19 个百分点。可以看出，随着水泥低碳技术比例的提高，未来水泥行业实现降低单位国内生产总值二氧化碳排放量的能力不断提高。然而，即使是低碳技术比例最高的技术情景三，也不能实现到 2020 年水泥行业单位国内生产总

值二氧化碳排放量比 2005 年下降 40%~45% 的目标。

本书进一步计算表明，水泥行业若要实现到 2020 年单位国内生产总值二氧化碳排放量比 2005 年下降 40%~45% 的目标，则到 2020 年，水泥行业的碳排放量要控制在 9.72 亿~10.60 亿吨，比技术情景三要低 3%~11%，单位国内生产总值二氧化碳排放量和单位发电量二氧化碳排放量要分别比技术情景三低 1.76 万~5.86 万吨二氧化碳/亿元和 0.02~0.06 吨二氧化碳/吨水泥，亦即仅仅通过现有成熟先进技术的升级和能源结构的调整，不能实现 2020 年的节能减排目标，必须加强未来水泥行业低碳技术的研发与推广。

三、技术进步成本的情景分析

技术结构的改变会造成水泥行业总成本的变化。水泥行业的总成本包括生产成本和淘汰成本两个部分。

生产成本既包括可变成本（主要为水泥熟料、人工等）也包括固定成本（主要为设备投资）。一方面，与传统技术相比，水泥行业的低碳技术能效较高，单位水泥产量所消耗的煤炭等原料较少，故其可变成本相对较低。另一方面，与传统技术相比，水泥行业的低碳技术一次性的设备投资又相对较高，故其固定成本相对较高。然而，综合两方面的因素，水泥行业低碳技术的生产成本仍较低。2020 年，技术情景一、技术情景二和技术情景三相对于基准情景的生产成本分别降低了 8 亿元、13 亿元和 18 亿元（表 5-7）。

表 5-7 各情景下水泥行业生产成本变化（与基准情景比较） （单位：亿元）

年份	相对于基准情景增加的成本			
	基准情景	技术情景一	技术情景二	技术情景三
2005	基准情景	0	0	0
2010	基准情景	0	0	0
2015	基准情景	−4	−5	−10
2020	基准情景	−8	−13	−18

淘汰成本指的是淘汰落后产能所需要的费用。提高低碳技术在水泥行业中的比例就意味着可能需要淘汰部分落后产能，而这些落后产能在被淘汰时仍具有生产能力，仍需考虑其剩余的折旧价值，所以，当低碳技术比例在水泥行业中越高的时候，

需要淘汰的落后产能也就越多，故其淘汰成本也就越高。水泥行业目前以新型干法技术为主，此外也有部分立窑技术和其他技术，由于水泥产能过剩，所以即使是新型干法技术在未来也会有一定的淘汰，而新型干法技术的淘汰成本要高于其他技术，所以，当新型干法技术比例越高时，该情景下的淘汰成本反而更低。2020 年，技术情景一、技术情景二和技术情景三相对于基准情景的淘汰成本分别降低了 4 亿元、2 亿元和 7 亿元（表 5-8）。

表 5-8 各情景下水泥行业淘汰成本变化（与基准情景比较） （单位：亿元）

年份	相对于基准情景增加的成本			
	基准情景	技术情景一	技术情景二	技术情景三
2005	基准情景	0	0	0
2010	基准情景	0	0	0
2015	基准情景	8	–3	–3
2020	基准情景	–4	–2	–7

在综合考虑了以上两方面成本后，2020 年，技术情景一、技术情景二和技术情景三相对于基准情景的总成本分别降低了 12 亿元、16 亿元和 25 亿元（表 5-9）。这表明，在提高水泥行业低碳技术比例的同时，继续淘汰落后产能，并不会增加水泥行业的总成本。

表 5-9 各情景下水泥行业总成本变化（与基准情景比较） （单位：亿元）

年份	相对于基准情景增加的成本			
	基准情景	技术情景一	技术情景二	技术情景三
2005	基准情景	0	0	0
2010	基准情景	0	0	0
2015	基准情景	4	–8	–13
2020	基准情景	–12	–16	–25

四、低碳发展的影响因素分析

本书采用 SDA 方法，对水泥行业碳排放量的三个影响因素（经济总量变化、产业结构变化和技术结构变化）进行了分析（图 5-3）。

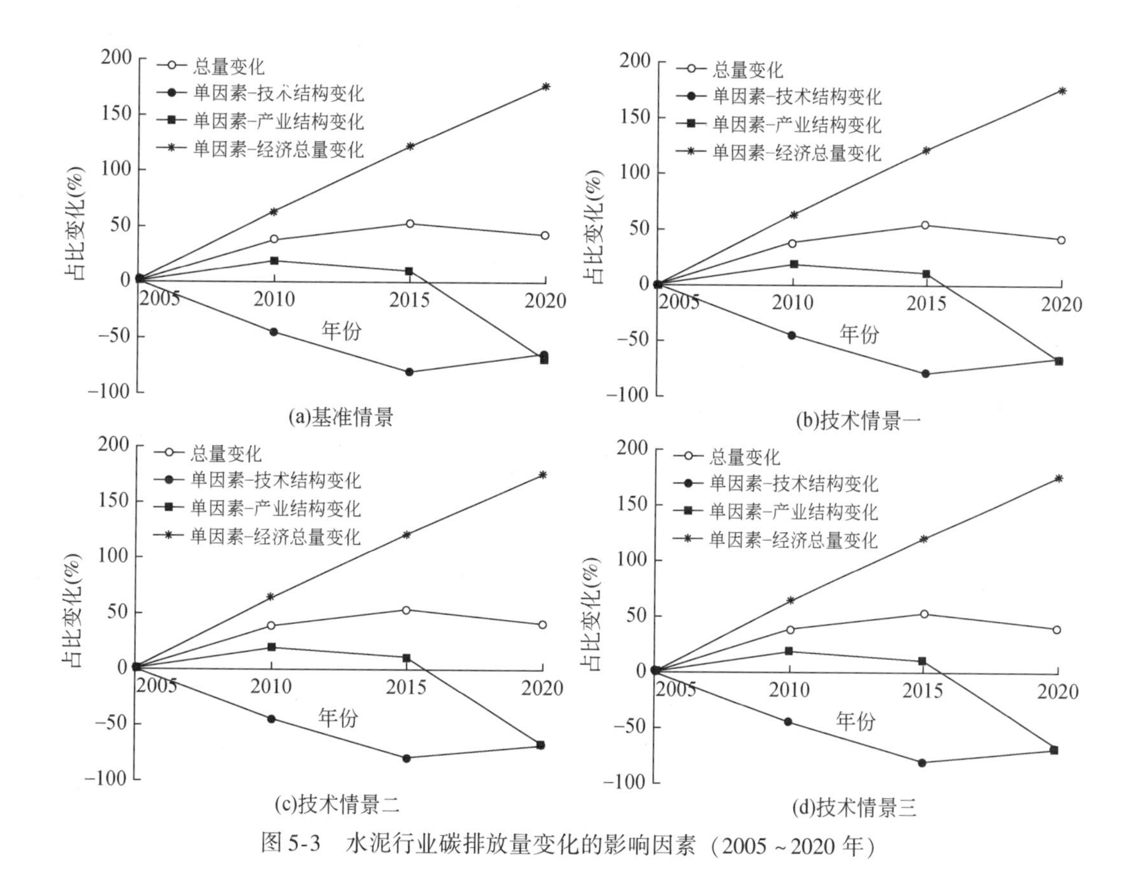

图 5-3　水泥行业碳排放量变化的影响因素（2005～2020 年）

在三个影响因素共同作用下，即在实际改变情况下，2020 年水泥行业碳排放量分别比 2005 年的碳排放量增加了 43%（基准情景）、43%（技术情景一）、41%（技术情景二）、41%（技术情景三）。

1）假设仅技术结构变化，即仅改变新型干法水泥技术的比例时（图 5-3），2020 年水泥行业碳排放量分别比 2005 年的碳排放量减少了 66%（基准情景）、66%（技术情景一）、67%（技术情景二）、68%（技术情景三）。

2）假设仅产业结构变化，即仅水泥行业的工业增加值在国内生产总值中的占比变化时（图 5-3），2020 年水泥行业碳排放量分别比 2005 年的碳排放量减少了 67%（基准情景）、67%（技术情景一）、67%（技术情景二）、67%（技术情景三）。

3）假设仅经济总量变化，即仅国内生产总值变化时（图 5-3），2020 年水泥行业碳排放量分别比 2005 年的碳排放量增加了 177%（基准情景）、176%（技术情景一）、176%（技术情景二）、176%（技术情景三）。

通过以上分析可知，经济总量变化、产业结构变化和技术结构变化三个因素共同影响了水泥行业的碳排放量变化。经济总量变化，即国内生产总值的不断增加，会导致水泥行业碳排放量的增加；产业结构变化，即水泥行业在全行业中经济比例的下降，会导致水泥行业碳排放量的减少；技术结构变化，即水泥行业现有低碳技术的比例不断提升，也会导致水泥行业碳排放量的减少。目前来看，技术结构的改进和产业结构的调整基本可以弥补经济总量增加所带来的影响。水泥行业的碳排放量基本可以保证与经济发展实现脱钩，但是，若要强化水泥行业的低碳效果，则仍需要加大产业结构调整的力度、增加低碳技术的比例。此外，仍然要采取其他的配套措施，如能源结构的调整和未来低碳技术的开发与应用等，亦即水泥行业以及电力行业需要通过多种途径共同协调实现到 2020 年单位国内生产总值二氧化碳排放量比 2005 年下降 40%~45% 的目标。

第三节 本章小结

综合上述情景分析，可以得到如下结论（图 5-4、表 5-10 ~ 表 5-13）。

1）水泥行业仅通过现有成熟先进技术的升级是不能达到 2020 年单位国内生产总值二氧化碳排放量比 2005 年下降 40%~45% 这一目标，必须发展未来的先进低碳技术。技术情景三表明在全面推广现有成熟低碳技术的基础上，低碳技术（新型干法技术）每提高 1 个百分点，则 2020 年，水泥行业的二氧化碳排放量会相应减少 0. 01 亿 ~ 003 亿吨，单位国内生产总值碳排放量比 2005 年整体下降 37. 85%，与 2020 年目标的单位国内生产总值二氧化碳排放量和单位发电量二氧化碳排放量分别存在 1. 76 万 ~ 5. 86 万吨二氧化碳/亿元和 0. 02 ~ 0. 06 吨二氧化碳/吨水泥的差距。因此，探索开发更先进的低碳节能技术，进一步降低能耗、提高效率是水泥行业未来发展的主要方向。

2）淘汰落后产能和发展先进技术同时对水泥行业成本产生重要影响。由于新型干法技术的淘汰成本较高，当提高新型干法技术比例时，该情景的淘汰成本会升高。同时，新型干法技术的生产成本相对较低，提高新型干法技术比例时，该情景的生产成本也会降低。总体来看，当两者同时进行时，水泥行业的总成本会有降低。2020 年，既淘汰落后产能又增加低碳技术比例的技术情景四的总成本比基准情景降低了 25 亿元。

3）行业排放与能源结构、经济结构、行业技术升级等存在密切联系：一方面，国家经济发展带动水泥行业发展，相应的二氧化碳排放量持续增加；另一方面，结构调整和低碳技术的升级推广可以降低能耗、提高效率，进而降低排放。只有综合发展，通过调整能源结构、调整经济结构、推广低碳技术和开发未来技术等多种途径共同作用，才能使水泥行业实现到 2020 年单位国内生产总值二氧化碳排放量比 2005 年下降 40%~45% 的目标。

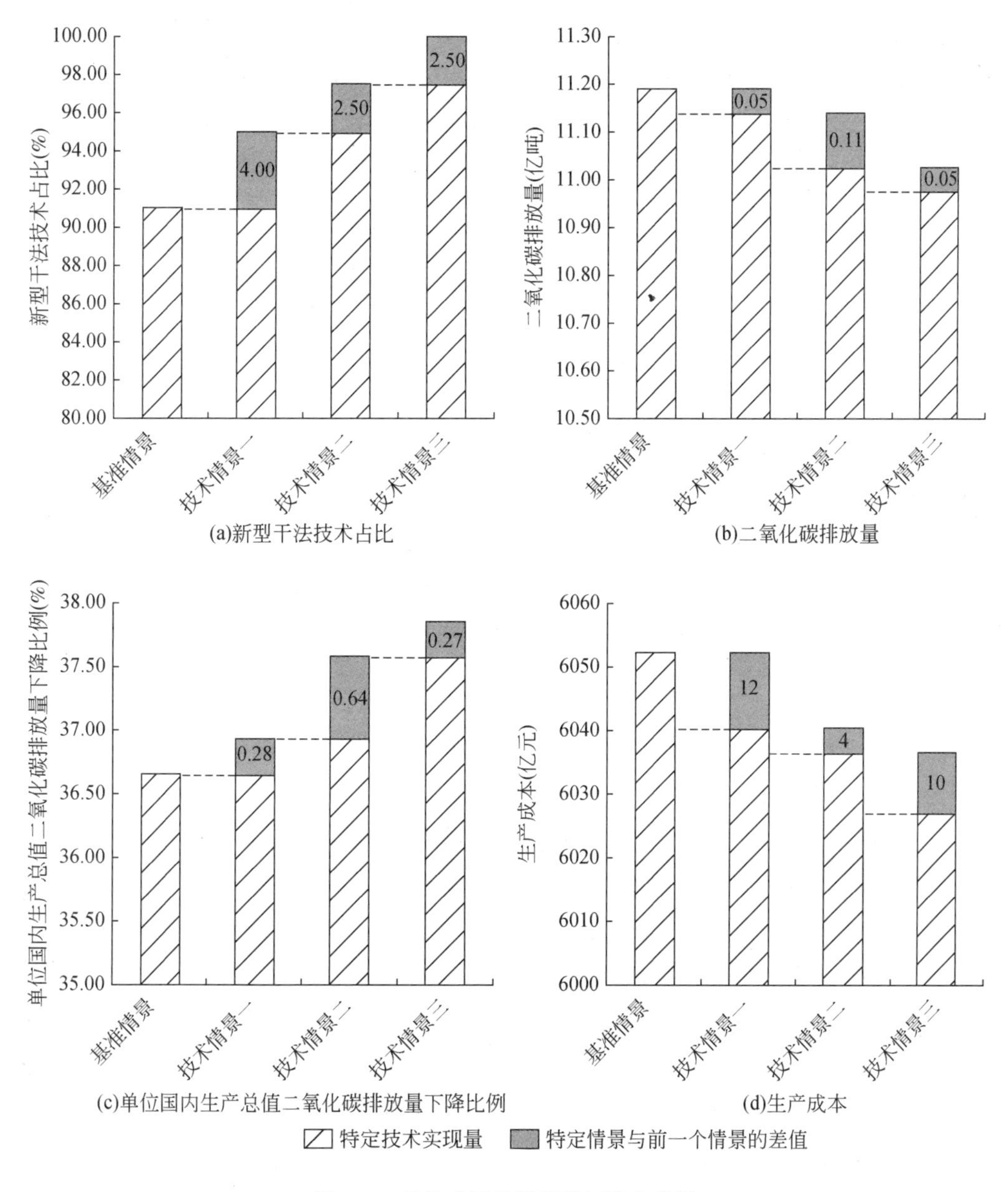

图 5-4　各技术情景低碳发展综合分析

表 5-10 基准情景下的参数指标

参数指标	2005 年	2010 年	2015 年	2020 年
二氧化碳排放量（亿吨）	7.80	10.83	11.94	11.19
水泥产量（万吨）	106 885	188 191	245 000	205 000
吨水泥二氧化碳排放量（吨）	0.730	0.575	0.487	0.546
水泥熟料产量（万吨）	78 988	118 817	147 000	143 500
吨水泥熟料二氧化碳排放量（吨）	0.987	0.911	0.812	0.780
单位国内生产总值二氧化碳排放量下降比例（%）	基准值	30.30	43.46	36.66
新型干法技术占比（%）	40.0	81.0	91.0	91.0
工业过程二氧化碳排放量（万吨）	41 682	62 700	75 632	71 219
燃烧过程二氧化碳排放量（万吨）	30 062	36 570	33 499	31 369
电耗过程二氧化碳排放量（万吨）	6 246	8 986	10 247	9 309

表 5-11 技术情景一下的参数指标

参数指标	2005 年	2010 年	2015 年	2020 年
二氧化碳排放量（亿吨）	7.80	10.83	12.01	11.14
水泥产量（万吨）	106 885	188 191	245 000	205 000
吨水泥二氧化碳排放量（吨）	0.730	0.575	0.490	0.543
水泥熟料产量（万吨）	78 988	118 817	147 000	143 500
吨水泥熟料二氧化碳排放量（吨）	0.987	0.911	0.817	0.776
单位国内生产总值二氧化碳排放量下降比例（%）	基准值	30.30	43.13	36.94
新型干法技术占比（%）	40.0	81.0	92.5	95.0
工业过程二氧化碳排放量（万吨）	41 682	62 700	76 447	71 219
燃烧过程二氧化碳排放量（万吨）	30 062	36 570	33 355	30 893
电耗过程二氧化碳排放量（万吨）	6 246	8 986	10 271	9 285
比基准情景增加的成本（亿元）	0	0	4	-12

表 5-12 技术情景二下的参数指标

参数指标	2005 年	2010 年	2015 年	2020 年
二氧化碳排放量（亿吨）	7.80	10.83	11.99	11.03
水泥产量（万吨）	106 885	188 191	245 000	205 000
吨水泥二氧化碳排放量（吨）	0.730	0.575	0.489	0.538
水泥熟料产量（万吨）	78 988	118 817	147 000	143 500

续表

参数指标	2005 年	2010 年	2015 年	2020 年
吨水泥熟料二氧化碳排放量（吨）	0.987	0.911	0.815	0.768
单位国内生产总值二氧化碳排放量下降比例（%）	基准值	30.30	43.23	37.58
新型干法技术占比（%）	40.0	81.0	93.0	97.5
工业过程二氧化碳排放量（万吨）	41 682	62 700	76 308	70 466
燃烧过程二氧化碳排放量（万吨）	30 062	36 570	33 282	30 549
电耗过程二氧化碳排放量（万吨）	6 246	8 986	10 267	9 247
比基准情景增加的成本（亿元）	0	0	-8	-16

表 5-13　技术情景三下的参数指标

参数指标	2005 年	2010 年	2015 年	2020 年
二氧化碳排放量（亿吨）	7.80	10.83	11.90	10.98
水泥产量（万吨）	106 885	188 191	245 000	205 000
吨水泥二氧化碳排放量（吨）	0.730	0.575	0.486	0.536
水泥熟料产量（万吨）	78 988	118 817	147 000	143 500
吨水泥熟料二氧化碳排放量（吨）	0.987	0.911	0.809	0.765
单位国内生产总值二氧化碳排放量下降比例（%）	基准值	30.30	43.64	37.85
新型干法技术占比（%）	40.0	81.0	95.0	100.0
工业过程二氧化碳排放量（万吨）	41 682	62 700	75 749	70 315
燃烧过程二氧化碳排放量（万吨）	30 062	36 570	32 989	30 242
电耗过程二氧化碳排放量（万吨）	6 246	8 986	10 252	9 228
比基准情景增加的成本（亿元）	0	0	-13	-25

第六章 结论与展望[1]

本书梳理并总结了国际上广泛应用的能源–环境–经济系统模型，包括可计算一般均衡模型、市场配置技术模型、美国国家能源系统模型、IIASA–WEC E3模型、投入产出模型、能源系统仿真和动态优化模型、3Es模型、长期能源可替代规划系统模型等，以《2006年IPCC国家温室气体清单指南》为基础，参考和借鉴了国际上各行业协会的核算方法及国家标准化管理委员会公布的《工业企业温室气体排放核算和报告通则》与10个重点行业的温室气体核算方法，结合碳专项项目一“能源消费与水泥生产排放”的火电、钢铁、水泥等子课题的调查数据和各排放因子数据，形成了一套中国行业技术碳评估研究理论和方法。

在此基础上，一方面，通过能源环境技术情景分析，针对火电、钢铁和水泥三个行业现有成熟的低碳技术减排的效果和成本，结合未来不同低碳技术发展情景的设置，计算不同情景的某行业的碳排放量、单位国内生产总值的碳排放量及减排的成本，得到技术比例、节能减排效果、成本的定量关系，从而判断该行业未来技术减排的潜力、能否实现到2020年该行业单位国内生产总值二氧化碳排放量比2005年下降40%~45%的目标；另一方面，通过结构分解分析法，综合分析影响碳排放量变化的因素，从而更科学量化地判断各种因素对于提高特定行业节能减排效果的作用。

第一节 结论

根据技术减排评估方法与模型，结合不同情景设定，可以得到如下结论。

仅通过现有成熟先进技术的升级难以达到2020年单位国内生产总值二氧化碳排放量比2005年下降40%~45%这一目标，有必要发展未来的先进低碳技术。

---

[1] 本章作者：王茂华、魏伟、汪鸣泉、苏昕、雷杨。

1）火电行业：在全面推广现有成熟低碳技术的基础上，低碳技术（超临界及以上）每提高 1 个百分点，则 2020 年，火电行业的二氧化碳排放量会相应减少 0.08 亿～0.17 亿吨，单位国内生产总值碳排放量比 2005 年整体下降 27.68%，与 2020 年目标的单位国内生产总值二氧化碳排放量和单位发电量二氧化碳排放量分别存在 19.34 万～27.18 万吨二氧化碳/亿元和 1.49～2.10 吨二氧化碳/万千瓦时的差距。

2）钢铁行业：在全面推广现有成熟低碳技术的基础上，低碳技术（短流程技术）每提高 1 个百分点，则 2020 年，钢铁行业的二氧化碳排放量会相应减少 0.11 亿吨，单位国内生产总值碳排放量比 2005 年整体下降 18.47%，与 2020 年目标的单位国内生产总值二氧化碳排放量和单位发电量二氧化碳排放量分别存在 3.98 万～4.90 万吨二氧化碳/亿元和 0.57～0.70 吨二氧化碳/吨粗钢的差距。

3）水泥行业：在全面推广现有成熟低碳技术的基础上，低碳技术（新型干法技术）每提高 1 个百分点，则 2020 年，水泥行业的二氧化碳排放量会相应减少 0.01 亿～0.03 亿吨，单位国内生产总值碳排放量比 2005 年整体下降 37.85%，与 2020 年目标的单位国内生产总值二氧化碳排放量和单位发电量二氧化碳排放量分别存在 1.76 万～5.86 万吨二氧化碳/亿元和 0.02～0.06 吨二氧化碳/吨水泥的差距。

因此，探索开发更先进的低碳节能技术，同时结合清洁能源及资源利用等方式，进一步降低能耗、提高效率是三个行业未来发展的主要方向。

淘汰落后产能和发展先进技术同时对行业成本产生重要影响。淘汰落后产能会增加整个行业的成本，而采用先进技术则会降低行业的生产成本。总体来看，当两者同时进行时，行业的总成本会有所增加。

1）火电行业：2020 年，既淘汰落后产能又增加低碳技术比例的技术情景四的总成本比基准情景增加了 362 亿元。

2）钢铁行业：2020 年，技术情景三的总成本比基准情景增加了 191 亿元。

3）水泥行业：2020 年，既淘汰落后产能又增加低碳技术比例的技术情景四的总成本比基准情景降低了 25 亿元。

行业排放与能源结构、经济结构、行业技术升级等存在密切联系：一方面，国家经济发展带动火电、钢铁、水泥行业发展，相应的二氧化碳排放量持续增加；另一方面，结构调整和低碳技术的升级推广可以降低能耗、提高效率，进而降低排放。只有综合发展，协调整合调整能源结构、调整经济结构、推广低碳技术和开发未来技术等多种途径共同作用，才能使这三个行业实现到 2020 年单位国内生产总值二氧化碳排放量比 2005 年下降 40%～45% 的目标。

第二节 展　望

根据对火电、钢铁、水泥三个行业2012~2014年数据的计算汇总分析，可以看到在“十二五”规划期间，仅火电、钢铁、水泥三个行业的能源消耗量已约占我国能源消耗总量的56%。火电、钢铁、水泥三个行业的二氧化碳排放量已约占我国二氧化碳排放总量的77%（表6-1）。由此可见，这三个行业肩负着重要的减排任务。如何充分挖掘重点排放行业的减排潜力，设计合理可行的发展路径，发挥其在节能减排领域的重要影响作用，是研究的目的所在。本书在以上火电、钢铁、水泥三个行业以低碳技术为主体的模型研究和情景分析基础上，结合不同的低碳技术发展趋势、技术结构、技术成本投入、主要风险等，提出了各个行业2020年的低碳路径的具体展望。

表6-1　火电、钢铁、水泥等行业的能耗情况、碳排放情况

项目	能源消耗	二氧化碳排放
火电、钢铁、水泥	56%	77%
其余行业	44%	23%
全行业	100%	100%
全行业2014年值	42.6亿吨标准煤	92亿吨二氧化碳
全行业2020年目标	50.0亿吨标准煤	100.6亿~109.7亿吨二氧化碳
全行业剩余减排容量分解	5.4亿吨标准煤	不超过37亿吨二氧化碳

一、火电行业技术减排路径选择与展望

按照目前的发展趋势，通过技术创新，在合理范围内增加优先技术的比例，新增先进产能来替换和淘汰落后产能的前提下，火电行业技术综合减排能力达到2020年单位国内生产总值二氧化碳的排放量比2005年下降27.68%（推广至电力行业36.83%的减排目标），与行业内40%~45%碳排放强度降低目标仍有差距。在现有技术升级综合减排路径的基础上，仍需再降低相比2005年整个发电行业3.17%的减排量（即火电行业2.38%的减排量）。要达成此目标，需进一步提高火电低碳技术（超临界及以上）的比例约13个百分点，到2020年，火电行业的二氧化碳排放量会相应减少约1.7亿吨，淘汰落后产能和相应的生产成本的变化，会综合增加成本约

362 亿元。

整体而言，火电行业的碳排放量变化是由经济总量变化、产业结构变化和技术结构变化三个因素共同影响的，如图 6-1 所示。目前来看，技术结构的改进和产业结构的调整还不足以弥补经济总量增加所带来的影响。只有进一步加大产业结构调整的力度、增加低碳技术的比例，同时采取其他的配套措施，如能源结构调整和未来低碳技术的开发与应用等多种途径共同协调才能实现到 2020 年单位国内生产总值二氧化碳排放量比 2005 年下降 40%~45% 的目标。

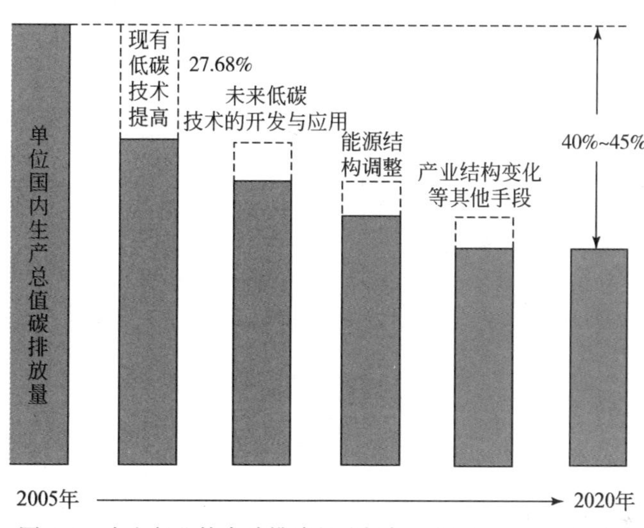

图 6-1 火电行业技术减排路径选择与展望（2012 ~ 2020 年）

二、钢铁行业技术减排路径选择与展望

按照目前的发展趋势，通过技术创新，在合理范围内增加优先技术的比例，新增先进产能来替换和淘汰落后产能的前提下，钢铁行业技术综合减排能力达到 2020 年单位国内生产总值二氧化碳的排放量比 2005 年下降 18. 47%，与行业内 40%~45% 碳排放强度降低目标仍有差距。在现有技术升级综合减排路径的基础上，仍需再降低相比 2005 年整个钢铁行业 21. 53% 的减排量。要达成此目标，需进一步提高钢铁低碳技术（短流程技术）的比例约 43 个百分点，到 2020 年，钢铁行业的二氧化碳排放量会相应减少约 4. 7 亿吨，淘汰落后产能和相应的生产成本的变化，会综合增加成本约 191 亿元。

整体而言，钢铁行业的碳排放量变化是由经济总量变化、产业结构变化和技术结构变化三个因素共同影响的，如图 6-2 所示。目前来看，技术结构的改进和产业结构的调整还不足以弥补经济总量增加所带来的影响。只有进一步加大产业结构调整的力度、增加低碳技术的比例，同时采取其他的配套措施，如能源结构调整和未来低碳技术的开发与应用等多种途径共同协调才能实现到2020年单位国内生产总值二氧化碳排放量比2005年下降40%~45%的目标。

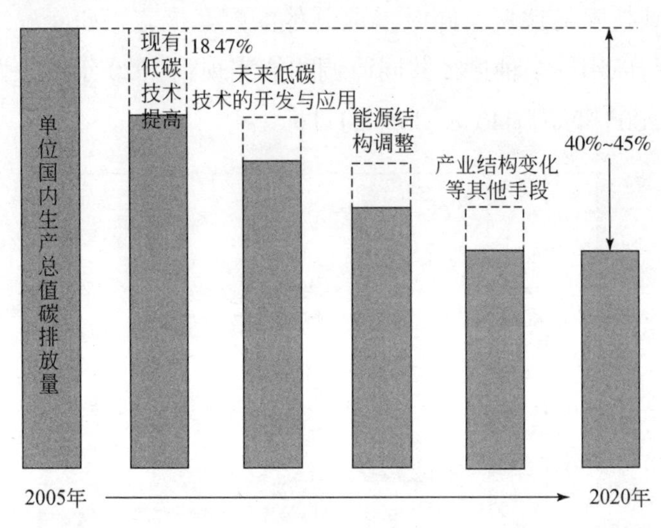

图6-2 钢铁行业技术减排路径选择与展望（2012~2020年）

三、水泥行业技术减排路径选择与展望

按照目前的发展趋势，通过技术创新，在合理范围内增加优先技术的比例，新增先进产能来替换和淘汰落后产能的前提下，水泥行业技术综合减排能力达到2020年单位国内生产总值二氧化碳的排放量比2005年下降37.85%，与行业内40%~45%碳排放强度降低目标仍有差距。在现有技术升级综合减排路径的基础上，仍需再降低相比2005年整个水泥行业2.15%的减排量。要达成此目标，需通过新能源替代等手段来提高排放效率（新型干法技术已达到100%）。若考虑按照提高相应技术的成本和节能效果来计算，则到2020年，要实现水泥行业的二氧化碳排放量会相应减少约0.05亿吨，淘汰落后产能和相应的生产成本的变化，综合成本不会增加。

整体而言，水泥行业的碳排放量变化是由经济总量变化、产业结构变化和技术结构变化三个因素共同影响的，如图6-3所示。目前来看，技术结构的改进和产业结构的调整还不足以弥补经济总量增加所带来的影响。只有进一步加大产业结构调整的力度、增加低碳技术的比例，同时采取其他的配套措施，如能源结构调整和未来低碳技术的开发与应用等多种途径共同协调才能实现到2020年单位国内生产总值二氧化碳排放量比2005年下降40%~45%的目标。

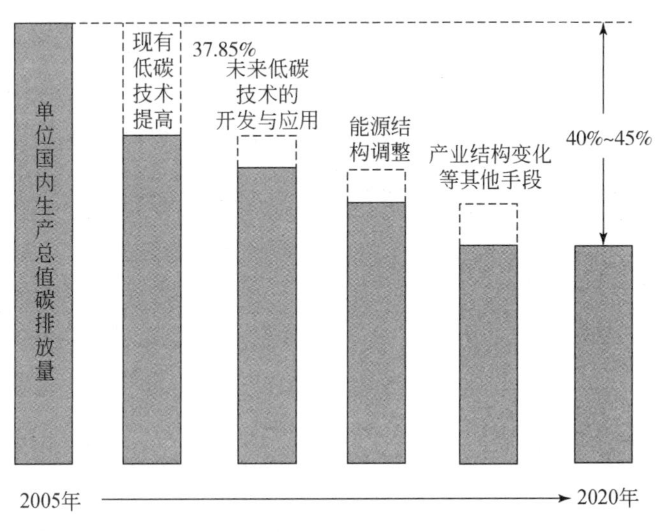

图6-3　水泥行业技术减排路径选择与展望（2012~2020年）

通过以上分析可知，火电、钢铁、水泥三个行业由于占全行业的能源消耗、二氧化碳排放的比例较大，其减排的作用具有杠杆效应，因此尽管从研究结果表明，与完全实现行业内的要实现40%~45%碳排放强度降低目标仍有差距，但其扩展的效应，可有力带动全行业减排目标的实现。若仍需要实现行业自身的40%~45%碳排放强度降低目标，除以上需要考虑的能源消耗、二氧化碳排放降低、技术升级等方式外，也要综合考虑其投入的成本。此外，配合其他行业提高非化石能源的使用量，综合各种减排途径，方能使排放强度较高的行业实现低碳绿色发展。

第三节　本书的局限性

本书为我国行业和能源低碳技术研发与提升建立定量化的数据库及评估模型体系，可实现对不同技术比例投入的能耗、排放、成本等进行综合评估，为我国经济绿色低碳转型升级及应对气候变化提供技术支撑，为不断探索我国可持续发展之路提供战略引导。但由于受制于诸多因素的影响，如对未来技术的不可预测性、已有模型的缺陷、数据的可获得性、研究的不确定性、可变价格的计算等，本书的成果仍存在一定的局限性。本书部分数据的更新时间为2015年，而资料汇编的更新时间为2016年初，因此本书的分析和结论仅是基于2015年前后三个行业发展的情况所做出的，但本书基于数据挖掘和情景模型的行业低碳技术减排评估方法，为后续的分析拓展和数据更新，提供了一个可供借鉴的研究框架。本书的以上局限性也为后期工作指明了方向，因此本书未来的努力方向主要集中于以下几个方面。

1）基于现有行业成熟技术的分析，需跟踪行业技术发展。本书的局限性之一是只对目前行业的成熟技术和当年技术参数进行分析，没有考虑未来技术。因此，需要进一步跟踪行业技术的发展，并在一定时期内更新，以达到对新型技术节能减排效果的实时跟踪研究。

2）基于已有行业碳排放模型，需细化模型分类。本书所借鉴的 LEAP 模型分析法虽是这一行业的主流分析技术，但在以后的研究中也应考虑新型分析模型，吸收其各自的特点；此外，本书采用的排放模型采用《2006 年 IPCC 国家温室气体清单指南》《工业企业温室气体排放核算和报告通则》和 10 个重点行业的温室气体核算方法、碳专项项目一“能源消费与水泥生产排放”的调查数据、研究方法与碳氧化因子等综合分析。但受制于模型本身对未来预测的不确定性，仍需要进一步细化模型的分类，来优化分析、拓展分析的能力。

3）基于碳专项数据，需考虑其不确定性。本书的数据来源广泛，主要由碳专项的调查数据、碳氧化因子及《中国统计年鉴》《中国能源统计年鉴》《中国电力年鉴》《中国钢铁工业年鉴》等数据综合而来，受制于数据本身的质量和调查数据的不确定性，仍需要进一步建立一系列的数据筛选和补充的能力，以便更好地为今后的研究打好基础。

4）基于 2005 年不变价格分析，需结合实际价格变化。本书综合考虑了各种技术的比例、投入成本、减排效果等因素，但对单位国内生产总值碳排放量这个指标的计算过程，仍以研究年份的相应成本来预估 2020 年的相对价格，但由于能源价格的不确定性，以这样的价格来预估会对减排效果产生相应的偏差，与实际当年的价格和行业国内生产总值存在差距。因此，需要进一步跟踪和更新行业的当年价格来加强研究的时效性。

5）其他碳排放行业拓展研究的必要性。由于时间资源的限制，本书重点建立了方法论和模型，仅对火电、钢铁和水泥三个高耗能、高排放行业进行了重点分析。然而，我国仍存在较多的二氧化碳高排放行业，如煤化工行业、石油冶炼行业、天然气生产行业等。未来会进一步拓展行业低碳发展的相关研究，继续深入阐述其他行业的由技术升级带来的节能减排效果，并进一步展望未来发展的方向和路径，为我国行业低碳发展提供一定的科学基础和支撑。

参考文献

北极星电力网新闻中心．2015. 亚临界、超临界、超超临界机组．http：//news. bjx. com. cn/html/20150915/663628-2. shtml［2017-4-9］．

陈敏，温宗国，杜鹏飞．2012. 基于AIM/enduse模型的水泥行业节能减排途径分析．中国人口·资源与环境，22（5）：234-239.

陈文颖，吴宗鑫．2001. 用MARKAL模型研究中国未来可持续能源发展战略．清华大学学报（自然科学版），41（12）：103-106.

程婷．2014. 水泥行业温室气体减排潜力分析．合肥：合肥工业大学硕士学位论文．

戴攀，皱家勇，田杰，等．2013. 中国电力行业碳减排综合优化．电力系统自动化，37（14）：1-6，112.

邓玉勇，杜铭华，雷仲敏．2006. 基于能源—经济—环境（3E）系统的模型方法研究综述．甘肃社会科学，（3）：209-212.

《第三次气候变化国家评估报告》编写委员会．2015. 第三次气候变化国家评估报告．北京：科学出版社．

樊泉桂．2006. 提高超临界和超超临界机组发电效率的关键技术．电力设备，7（7）：30-34.

傅杰，柴毅忠，毛新平．2007. 中国电炉炼钢问题．钢铁，42（12）：1-6.

工业和信息化部．2011a. 钢铁工业"十二五"发展规划．北京：工业和信息化部．

工业和信息化部．2011b. 建材工业"十二五"发展规划．北京：工业和信息化部．

顾先青，潘卫国，王文欢，等．2009. 大型火电机组供电煤耗率比较分析．上海电力学院学报，25（2）：109-112.

郭焱，陈丽然．2014. 行业碳减排成本核算方法与案例．天津：天津大学出版社．

国家发展和改革委员会．2007. 中国应对气候变化国家方案．北京：国家发展和改革委员会．

国家发展和改革委员会．2009. 落实巴厘路线图——中国政府关于哥本哈根气候变化会议的立场．北京：国家发展和改革委员会．

国家发展和改革委员会．2014a. 关于运用价格手段促进水泥行业产业结构调整有关事项的通知．北京：国家发展和改革委员会．

国家发展和改革委员会．2014b. 国家应对气候变化规划（2014—2020年）．北京：国家发展和改革委员会．

国家发展和改革委员会．2014c. 中国发电企业温室气体排放核算方法与报告指南（试行）．北京：国家发展和改革委员会．

国家发展和改革委员会，环境保护部，国家能源局．2014. 煤电节能减排升级与改造行动计划（2014—2020年）．北京：国家发展和改革委员会，环境保护部，国家能源局．

国家发展和改革委员会．2015. 中国应对气候变化的政策与行动2015年度报告．北京：国家发展和改革委员会．

国家发展和改革委员会办公厅．2013. 中国水泥生产企业温室气体排放核算方法与报告指南（试行）．北京：国家发展和改革委员会.
国家气候变化对策协调小组办公室.2007. 中国温室气体清单研究. 北京：中国环境科学出版社.
国家质量监督检验检疫总局，国家标准化管理委员会.2015.《工业企业温室气体排放核算和报告通则》等11项国家标准.http：//www.sac.gov.cn/gzfw/ggcx/gjbzgg/201536/［2017-5-9］.
国网能源研究院.2014a.2014国际能源与电力价格分析报告. 北京：中国电力出版社.
国网能源研究院.2014b.2014中国节能节电分析报告. 北京：中国电力出版社.
国务院办公厅.2014a.2014—2015年节能减排低碳发展行动方案. 北京：国务院办公厅.
国务院办公厅.2014b. 能源发展战略行动计划（2014—2020年）. 北京：国务院办公厅.
国务院新闻办公室.2008. 中国应对气候变化的政策与行动. 北京：国务院新闻办公室.
韩颖，李廉水，孙宁.2011. 中国钢铁工业二氧化碳排放研究. 南京信息工程大学学报（自然科学版），3（1）：53-57.
胡秀莲，姜克隽.1998. 减排对策分析：AIM/能源排放模型. 中国能源，（11）：17-22.
纪世东，周荣灿，王生鹏，等.2011.700°C等级先进超超临界发电技术研发现状及国产化建议. 热力发电，40（7）：86-88.
蒋小谦，康艳兵，刘强，等.2012.2020年我国水泥行业CO_2排放趋势与减排路径分析. 中国能源，34（9）：17-21.
李俊峰.2015. 推动能源革命应对气候变化. 中国电力企业管理，（1）：30-31.
李明玉.2009. 能源供给与能源消费的系统动力学模型. 沈阳：东北大学博士学位论文.
李亚春，孙雪丽，王圣.2008. 超超临界发电工程CDM项目开发的研究. 华东电力，36（6）：97-101.
李延峰.2010. 不确定优化方法在能源规划中的应用. 北京：华北电力大学硕士学位论文.
联合资信评估有限公司.2008. 电力行业研究报告. 北京：联合资信评估有限公司.
联合资信评估有限公司.2012.2012年度煤炭行业研究报告. 北京：联合资信评估有限公司.
联合资信评估有限公司.2014.2014年度煤炭行业研究报告. 北京：联合资信评估有限公司.
梁聪智.2012. 我国钢铁行业碳足迹与碳排放影响因素分析. 秦皇岛：燕山大学硕士学位论文.
刘立涛，张艳，沈镭，等.2014. 水泥生产的碳排放因子研究进展. 资源科学，36（1）：110-119.
毛紫薇，王灿，陈吉宁.2010. 山东省水泥行业CO_2排放情景与减排效果分析. 环境科学学报，30（5）：1107-1114.
孟云芳.2015. 新型干法水泥生产技术的现状及其发展前景研究. 四川水泥，（7）：2.
米国芳，赵涛.2012. 中国火电企业碳排放测算及预测分析. 资源科学，34（10）：1825-1831.
前瞻产业研究院.2015.2016-2021年中国电站锅炉行业深度调研与投资预测分析报告. 北京：前瞻产业研究院.
上官方钦，张春霞，胡长庆，等.2010. 中国钢铁工业的CO_2排放估算. 中国冶金，20（5）：37-42.
瓦尔拉斯.1989. 纯粹经济学要义. 蔡受百译. 北京：商务印书馆.
汪鹏，姜泽毅，张欣欣，等.2014. 中国钢铁工业流程结构、能耗和排放长期情景预测. 北京科技大学学报，36（12）：1683-1693.

王克，王灿，吕学都，等 . 2006. 基于 LEAP 的中国钢铁行业 CO_2 减排潜力分析 . 清华大学学报（自然科学版），46（12）：1982-1986.

王守坤 . 2011. 大容量、高参数超临界发电机组优化设计 . 设计与分析，（18）：153-155.

王彦超 . 2012. 基于 LEAP 模型的吉林省民用建筑能耗情景预测研究 . 长春：吉林大学硕士学位论文 .

王志轩，张建宇，潘荔 . 2015. 燃煤电厂烟气排放连续监测系统现状分析：中国电力减排研究 2014. 北京：中国电力出版社 .

魏军晓，耿元波，沈镭，等 . 2014. 基于国内水泥生产现状的碳排放因子测算 . 中国环境科学，34（11）：2970-2975.

魏伟，任小波，蔡祖聪，等 . 2015. 中国温室气体排放研究——中国科学院战略性先导科技专项“应对气候变化的碳收支认证及相关问题”之排放清单任务群研究进展 . 中国科学院院刊，30（6）：839-847.

魏一鸣，吴刚，刘兰翠，等 . 2005. 能源 - 经济 - 环境复杂系统建模与应用进展 . 管理学报，2（2）：159-170.

魏一鸣，刘兰翠，范英，等 . 2011. 中国能源报告（2008）：碳排放研究 . 北京：科学出版社 .

乌若思 . 2006. 超超临界发电技术研究与应用 . 中国电力，39（6）：34-37.

吴晓蔚，朱法华，周道斌，等 . 2011. 2007 年火电行业温室气体排放量估算 . 环境科学研究，24（8）：890-896.

伍德里奇（美）. 2014. 计量经济学导论：现代观点 . 第 5 版 . 北京：清华大学出版社 .

细江敦弘，长泽建二，桥本秀夫 . 2014. 可计算一般均衡模型导论：模型构建与政策模拟 . 赵伟，向国成译 . 大连：东北财经大学出版社 .

夏明，张红霞 . 2013. 投入产出分析：理论、方法与数据 . 北京：中国人民大学出版社 .

徐成龙 . 2012. 基于产业结构调整的山东省低碳情景研究 . 济南：山东师范大学硕士学位论文 .

徐匡迪 . 2010. 低碳经济与钢铁工业 . 钢铁，45（3）：1-12.

徐文青，李寅蛟，朱廷钰，等 . 2013. 中国钢铁工业 CO_2 排放现状与减排展望 . 过程工程学报，13（1）：175-180.

燕丽，杨金田 . 2010. 中国火电行业 CO_2 排放特征探讨 . 环境污染与防治，32（9）：92-94.

袁敏，康艳兵，刘强，等 . 2012. 2020 年我国钢铁行业 CO_2 排放趋势和减排路径分析 . 中国能源，34（7）：22-26.

张春霞，上官方钦，胡长庆，等 . 2010. 钢铁流程结构及对 CO_2 排放的影响 . 钢铁，45（5）：1-6.

张欣 . 2010. 可计算一般均衡模型的基本原理与编程 . 上海：格致出版社，上海人民出版社 .

张颖，王灿，王克，等 . 2007. 基于 LEAP 的中国电力行业 CO_2 排放情景分析 . 清华大学学报（自然科学版），47（3）：365-368.

赵晏强，李小春，李桂菊 . 2012. 中国钢铁行业 CO_2 排放现状及点源分布特征 . 钢铁研究学报，24（5）：1-4，9.

中国电力企业联合会 . 2015a. 中国电力工业现状与展望 . http：//www. cec. org. cn/yaowenkuaidi/2015-03-10/134972. html［2017-4-21］.

中国电力企业联合会 . 2015b. 中国电力行业节能减排成就（2005—2014）. 北京：中国电力企业联合会 .

中国金属学会，中国钢铁工业协会 . 2012. 2011 ~ 2020 年中国钢铁工业科学与技术发展指南 . 北京：冶金工业出版社 .

中国科学院可持续发展战略研究组 . 2015. 2015 中国可持续发展战略报告——重塑生态环境治理体系 . 北京：科学出版社 .

中国科学院碳专项水泥子课题组 . 2015. 中国水泥生产碳排放因子抽样调查及测算基本情况 . 北京：中国科学院碳专项水泥子课题组 .

中国能源发展战略研究组 . 2013. 中国能源发展战略选择（上册）. 北京：清华大学出版社 .

中国能源和碳排放研究课题组 . 2009. 2050 中国能源和碳排放报告 . 北京：科学出版社 .

中国能源中长期发展战略研究项目组 . 2011. 中国能源中长期（2030、2050）发展战略研究：电力・油气・核能・环境卷 . 北京：科学出版社 .

中国水泥协会 . 2015. 2014-2015 年中国水泥行业发展状况分析 . 北京：中国水泥协会 .

周颖，蔡博锋，刘兰翠，等 . 2011. 我国火电行业二氧化碳排放空间分布研究 . 热电发电，40（10）：1-3，7.

周支柱 . 2010. 大功率发电用燃气轮机的发展概况 . 发电设备，（1）：6-11.

Dietzenbacher E，Los B. 1998. Structural decomposition techniques：Sense and sensitivity. Economic Systems Research，10（4）：307-324.

Energy Infornation Administration. 1994. The National Energy Modeling System：An Overview. Washington D. C.：Energy Information Administration.

IEA. 2015. Tracking Clean Energy Progress 2015：Energy Technology Perspectives 2015 Excerpt IEA Input to the Clean Energy Ministerial. http：//iea. org/etp/tracking［2017-6-24］.

IPCC. 2006. IPCC Guidelines for National Greenhouse Gas Inventories. http：//www. ipcc-nggip. iges. or. jp/public/2006gl/chinese/index. html［2017-5-16］.

Koomey J G，Richey R C，Laitner S，et al. 1998. Technology and greenhouse gas emissions：An integrated scenario analysis using the LBNL- NEMS model. Advances in the Economics of Environmental Resources，3：175-219.

Liu Z，Guan D，Wei W，et al. 2015. Reduced carbon emission estimates from fossil fuel combustion and cement production in China. Nature，524（7565）：335-338.

Miller R E，Blair P D. 2009. Input-Output Analysis：Foundations and Extensions. Second Edition. Cambridge：Cambridge University Press.

Rose A，Casler S. 1996. Input- output structural decomposition analysis：Acritical appraisal. Economic Systems Research，8（1）：33-62.

Shen L，Gao T，Zhao J，et al. 2014. Factory-level measurements on CO_2 emission factors of cement production in China. Renewable and Sustainable Energy Reviews，34：337-349.

The Boston Consulting Group. 2013. The Cement Sector：A strategic Contributor to Europe's Future. Brussels：The

Boston Consulting Group.

The European Cement Association. 2013. The Role of Cement in the 2050 Low- carbon Economy. Brussels：The European Cement Association.

Wang K，Wang C，Lu X，et al. 2007. Scenario analysis on CO_2 emissions reduction potential in China's iron and steel industry. Energy Policy，35（4）：2320-2335.

Xu D，Cui Y，Li H，et al. 2015. On the future of Chinese cement industry. Cement and Concrete Research，78：2-13.

Zhang S，Worrell E，Crijns-Graus W. 2015. Evaluating co-benefits of energy efficiency and air pollution abatement in China's cement industry. Applied Energy，147：192-213.

附录A　火电行业

附录A-1　火电行业相关统计数据

附表A-1　中国火电行业发电量及装机容量概况（2001～2013年）

年份	火电机组装机容量（万千瓦）	行业年度平均负荷（%）	火电发电量（亿千瓦时）	各种机组装机容量占比（%）				总装机容量（万千瓦）	总发电量（亿千瓦时）
				0.6万～10万千瓦	10万～30万千瓦	30万～60万千瓦	大于60万千瓦		
2001	25 301	55. 94	12 398	24. 04	33. 17	37. 97		33 849	14 808. 02
2002	26 555	60. 18	13 999	24. 18	32. 67	40. 88		35 657	16 540. 00
2003	28 977	65. 83	16 710	23. 71	33. 01	42. 79		39 141	19 105. 75
2004	32 948	68. 39	19 739	22. 81	31. 99	43. 15		44 239	22 033. 09
2005	39 138	66. 95	22 954	22. 19	30. 67	35. 22	11. 93	51 718	25 002. 60
2006	48 382	64. 06	27 150	18. 77	26. 56	36. 25	18. 42	62 370	28 657. 26
2007	55 607	61. 00	29 714	14. 91	23. 47	36. 00	25. 62	71 822	32 815. 53
2008	60 286	55. 76	29 447	13. 38	21. 43	33. 91	31. 27	79 273	34 957. 61
2009	65 108	55. 54	31 677	11. 91	18. 66	35. 26	34. 17	87 410	37 146. 51
2010	70 967	57. 43	35 703	11. 06	16. 26	35. 84	36. 84	96 641	42 071. 60
2011	76 834	54. 00	36 346	10. 60	15. 28	35. 57	38. 87	106 253	47 130. 19
2012	81 917	52. 30	37 530	10. 14	14. 29	35. 42	40. 15	114 676	50 210. 41
2013	86 200	57. 32	43 283	10. 05	11. 32	33. 72	44. 92	125 768	53 975. 86

注：发电量根据装机容量和平均负荷计算。数据来自2001～2014年《中国能源统计年鉴》

附表 A-2 分省火电行业发电量

（单位：亿千瓦时）

省（自治区、直辖市）	2000 年	2001 年	2002 年	2003 年	2004 年	2005 年	2006 年	2007 年	2008 年	2009 年	2010 年	2011 年	2012 年	2013 年
北京市	179	174	179	185	186	—	206	223	243	241	241	258	283	329
天津市	216	222	273	322	340	—	363	399	397	413	413	612	582	591
河北省	840	929	1010	1083	1250	—	1451	1633	1580	1733	1733	2151	2178	2276
山西省	605	694	823	940	1049	—	1503	1734	1762	1850	1850	2296	2454	2527
内蒙古自治区	433	458	514	651	804	—	1397	1801	2008	2135	2135	2889	3029	3213
辽宁省	630	640	705	798	845	—	962	1065	1085	1135	1135	1316	1345	1329
吉林省	244	245	260	297	332	—	401	437	464	473	473	592	591	590
黑龙江省	419	433	451	485	535	—	630	684	715	694	694	775	772	746
上海市	558	577	616	694	711	—	711	726	794	782	782	1022	967	963
江苏省	972	1041	1167	1333	1635	—	2513	2709	2735	2825	2825	3731	3943	4174
浙江省	586	657	693	831	953	—	1403	1723	1748	1855	1855	2343	2273	2393
安徽省	361	408	457	542	599	—	721	848	1074	1299	1299	1624	1767	1933
福建省	208	212	309	421	505	—	556	723	748	886	886	1272	1118	1280
江西省	149	162	186	274	301	—	347	421	405	445	445	665	610	723
山东省	1001	1104	1242	1396	1639	—	2269	2591	2689	2858	2858	3129	3241	3503
河南省	680	760	847	955	1094	—	1502	1773	1890	1985	1985	2498	2465	2691
湖北省	278	320	343	395	430	—	563	609	553	630	630	933	863	1054
湖南省	166	194	201	295	372	—	472	542	537	634	634	899	765	845
广东省	1049	1091	1231	1434	1694	—	1903	2157	2107	2143	2143	3046	2848	2955
广西壮族自治区	120	121	131	180	201	—	280	361	342	428	428	637	647	755
海南省	27	29	36	45	57	—	85	101	107	114	114	158	182	201
重庆市	130	137	147	163	165	—	234	288	286	306	306	387	336	412
四川省	187	208	279	328	346	—	440	451	401	504	504	596	584	593

续表

省（自治区、直辖市）	2000 年	2001 年	2002 年	2003 年	2004 年	2005 年	2006 年	2007 年	2008 年	2009 年	2010 年	2011 年	2012 年	2013 年
贵州省	225	274	332	433	497	—	785	843	813	978	978	1022	1046	1240
云南省	101	143	158	191	243	—	405	474	418	548	548	536	480	476
西藏自治区	0	0	0	0	0	—	0	0	0	1	1	5	5	6
陕西省	247	282	319	381	444	—	534	591	715	774	774	1084	1149	1174
甘肃省	166	185	235	295	332	—	351	424	68	441	441	714	666	701
青海省	29	47	50	64	62	—	73	97	101	107	107	122	120	136
宁夏回族自治区	123	135	155	192	253	—	374	435	440	447	447	967	952	1031
新疆维吾尔自治区	151	163	175	199	228	—	302	346	397	452	452	725	998	1376

资料来源：2001 ~ 2014 年《中国电力年鉴》

附表 A–3　分省火电行业装机容量

（单位：万千瓦）

省（自治区、直辖市）	2000 年	2001 年	2002 年	2003 年	2004 年	2005 年	2006 年	2007 年	2008 年	2009 年	2010 年	2011 年	2012 年	2013 年
北京市	339	341	341	335	346	383	398	390	476	512	514	514	614	676
天津市	503	563	625	601	601	617	651	692	749	1003	1091	1083	1110	1112
河北省	1509	1647	1675	1770	1993	2233	2609	2902	2981	3514	3664	3810	3999	1187
山西省	1177	1342	1433	1504	1769	2229	2666	3095	3525	3915	4210	4651	5011	5205
内蒙古自治区	850	890	978	1142	1364	1918	2890	3981	4574	4830	5402	5955	6019	6386
辽宁省	1394	1408	1439	1482	1496	1600	1672	1972	1990	2256	2772	2851	3058	3028
吉林省	492	530	534	579	596	636	704	758	835	1056	1387	1587	1627	1694
黑龙江省	1007	1046	1081	1105	1126	1158	1246	1408	1657	1672	1679	1737	1752	1903
上海市	1060	1123	1138	1109	1201	1311	1453	1415	1678	1654	1843	1943	2118	2127
江苏省	1922	1967	2060	2225	2829	4251	5178	5334	5068	5242	5998	6480	6982	7555

续表

省（自治区、直辖市）	2000 年	2001 年	2002 年	2003 年	2004 年	2005 年	2006 年	2007 年	2008 年	2009 年	2010 年	2011 年	2012 年	2013 年
浙江省	1233	1274	1308	1532	2144	2903	3539	3949	4099	4330	4360	4626	4705	4996
安徽省	818	896	906	928	936	1151	1413	1176	2482	2619	2763	2959	3223	3597
福建省	510	642	700	748	832	935	1300	1391	1543	1892	2307	2510	2632	2658
江西省	447	487	513	541	550	591	657	927	934	1150	1294	1382	1505	1503
山东省	1993	2096	2510	3049	3286	3734	4940	5414	5593	5886	6002	6448	6818	7098
河南省	1379	1535	1590	1764	2179	2627	3260	3854	4268	4310	4687	4919	5355	8628
湖北省	804	808	815	817	951	953	1162	1304	1421	1567	1815	1918	2174	2240
湖南省	448	500	498	645	678	721	1072	1336	1443	1590	1609	1765	1906	1921
广东省	2301	2443	2524	2723	3017	3519	4062	471	4573	4830	5287	5635	5752	6488
广西壮族自治区	326	310	316	319	438	493	543	931	1027	1077	1039	1177	1491	1542
海南省	125	137	122	120	160	153	198	240	237	309	297	315	388	375
重庆市	300	290	300	313	327	374	559	637	666	680	674	694	724	858
四川省	609	638	614	610	690	752	956	1200	1277	1227	1258	1444	1493	1582
贵州省	371	424	464	647	780	964	1435	1596	1717	1731	1753	2030	2186	2438
云南省	247	295	293	356	431	475	856	1063	1003	1011	1133	1136	1385	1394
西藏自治区	3	3	3	3	3	3	1	1	8	10	31	37	37	39
陕西省	592	630	674	733	764	899	972	1229	1785	1990	2137	2216	2227	2273
甘肃省	360	387	388	469	492	571	645	784	898	1099	1324	1524	1551	1601
青海省	84	77	80	91	89	89	152	190	200	193	193	230	230	235
宁夏回族自治区	200	205	239	310	378	464	600	703	754	882	1271	1640	1640	1731
新疆维吾尔自治区	352	380	395	441	496	505	594	656	820	952	1172	1623	2257	2939

资料来源：2001 ~2013 年《中国电力年鉴》

附录 A-2　火电行业政策汇编

附表 A-4　火电行业政策汇编（2005 ~ 2013 年）

发布时间	相关文件/会议	补充说明
2005 年	《电力监管条例》	包含火电行业相关管理办法
2005 年	《电力业务许可证管理规定》	包含火电行业从业许可管理办法
2005 年	《电力市场监管办法》	包含火电行业监督管理办法
2006 年	《国务院关于全面加强应急管理工作的意见》	
2007 年	《跨区域输电价格审核暂行规定》	包含火电电价的相关规定
2009 年	《电力用户与发电企业直接交易试点基本规则（试行）》	包含火电电价的相关规定
2010 年	《南方区域跨省（区）电能交易监管办法》	包含火电电价的相关规定
2010 年	《电价监督检查暂行规定》	包含火电电价的相关规定
2010 年	《合同能源管理财政奖励资金管理暂行办法》	
2010 年	《火电厂氮氧化物防治技术政策》	包含火电厂节能减排规定和措施
2010 年	《中国资源综合利用技术政策大纲》	
2010 年	《国务院关于进一步加强淘汰落后产能工作的通知》	
2010 年	《中共中央关于制定国民经济和社会发展第十二个五年规划的建议》	
2010 年	《国务院关于加快培育和发展战略性新兴产业的决定》	
2012 年	《产业结构调整指导目录（2012 年本）》	

续表

发布时间	相关文件/会议	补充说明
2012 年	《电力争议纠纷调解规定》	
2012 年 1 月	《关于做好工业领域电力需求侧管理工作的指导意见》	
2012 年 4 月	《有序用电管理办法》	
2012 年 7 月	《关于完善厂网合同电量形成机制有关问题的通知》	
2012 年 9 月	《火电厂大气污染物排放标准》（GB13223—2012）	包含火电厂节能减排规定和措施
2012 年 10 月	《发电机组进入及退出商业运营管理办法》	
2012 年 10 月	《电力争议纠纷调解规定》	
2012 年 11 月	《关于对电煤实施临时价格干预和加强电煤价格调控的公告》	
2012 年 11 月	《输配电成本监管暂行办法》	
2012 年 12 月	《关于调整南方电网电价的通知》《关于调整华北电网电价的通知》《关于调整东北电网电价的通知》《关于调整西北电网电价的通知》《关于调整华东电网电价的通知》《关于调整华中电网电价的通知》	
2012 年 12 月	可再生能源发展“十二五”规划目标	包含火电厂节能减排规定和措施
2013 年 2 月	电力工业“十二五”规划滚动研究综述报告	包含火电厂节能减排规定和措施

附录B 钢铁行业

附录B-1 钢铁行业相关统计数据

附表B-1 中国钢铁行业粗钢产量概况（2001～2012年）

年份	中国粗钢产量（万吨）	各技术的占比（%）			世界粗钢产量（万吨）
		长流程技术	短流程技术	其他技术	
2001	15 091	83.50	15.91	0.59	851 073
2002	18 225	83.22	16.73	0.05	904 053
2003	22 241	82.42	17.56	0.02	971 015
2004	27 471	84.47	15.17	0.11	1 062 541
2005	35 579	88.25	11.75	0.14	1 147 805
2006	42 102	89.48	10.50	0.02	1 250 107
2007	48 971	88.05	11.93	0.02	1 348 122
2008	51 234	87.40	12.37	0.23	1 343 269
2009	57 707	90.32	9.66	0.02	1 238 285
2010	63 874	89.61	10.38	0.01	1 432 761
2011	70 197	89.83	10.11	0.06	1 537 206
2012	73 104	91.13	8.86	0.01	1 559 472

资料来源：2001～2013年《中国钢铁工业年鉴》

附表 B-2 分省生铁产量

（单位：万吨）

省（自治区、直辖市）	2000 年	2001 年	2002 年	2003 年	2004 年	2005 年	2006 年	2007 年	2008 年	2009 年	2010 年	2011 年	2012 年	2013 年
北京市	773	784	773	788	793	814	788	781	449	443	412			
天津市	228	229	248	343	475	660	1 132	1 435	1 520	1 763	1 926	2 097	1 975	2 214
河北省	1 709	2 177	2 921	4 227	5 284	6 841	8 280	10 523	11 356	13 322	13 710	15 450	16 359	17 028
山西省	1 098	2 089	1 642	2 572	1 808	3 230	3 556	3 728	2 782	3 167	3 402	3 786	4 010	4 303
内蒙古自治区	441	476	554	607	646	923	1 108	1 260	1 257	1 437	1 359	1 431	1 326	1 367
辽宁省	1 555	1 594	1 886	2 062	2 526	3 114	3 752	4 058	4 101	5 094	5 508	5 450	5 312	5 698
吉林省	162	202	248	319	330	409	426	546	581	780	813	973	1 113	1 116
黑龙江省	65	82	90	137	152	178	257	374	365	495	556	589	675	716
上海市	1 473	1 470	1 276	1 303	1 356	1 583	1 639	1 790	1 736	1 787	1 901	1 948	1 800	1 638
江苏省	323	455	667	785	1 664	2 697	3 353	3 802	3 858	4 593	5 215	5 307	5 874	6 691
浙江省	109	125	135	173	181	295	234	238	270	817	916	1 002	1 006	1 060
安徽省	524	595	647	698	959	1 106	1 182	1 518	1 637	1 663	1 845	1 830	1 927	2 017
福建省	149	180	180	225	306	399	508	478	519	553	559	547	726	588
江西省	305	338	453	497	638	822	951	1 047	1 036	1 447	1 745	1 918	2 028	2 012
山东省	730	794	960	1381	1 874	3 217	4 329	4 907	4 657	5 274	5 832	6 360	6 334	6 580
河南省	509	558	605	740	791	1 065	1 526	1 975	1 716	1 967	2 090	2 167	2 123	2 552
湖北省	779	840	943	1 035	1 165	1 453	1 583	1 680	1 893	1 958	2 312	2 523	2 408	2 416
湖南省	333	456	499	576	795	1 028	1 174	1 248	1 212	1 426	1 744	1 920	1 743	1 740
广东省	202	254	272	352	409	535	593	755	704	757	807	862	842	1 150
广西壮族自治区	125	152	194	250	339	485	571	639	690	971	1 113	960	1 303	1 568
海南省	0	0		6	3	5	13	19	15	2				
重庆市	167	180	187	207	247	247	303	328	330	331	427	573	531	556
四川省	556	601	681	793	920	1 061	1 339	1 471	1 425	1 533	1 594	1 716	1 674	2 011

续表

省（自治区、直辖市）	2000 年	2001 年	2002 年	2003 年	2004 年	2005 年	2006 年	2007 年	2008 年	2009 年	2010 年	2011 年	2012 年	2013 年
贵州省	150	173	186	217	201	286	369	363	331	396	377	494	563	530
云南省	261	338	367	512	660	846	935	1 203	1 155	1 294	1 337	1 350	1 595	1 937
西藏自治区				0	0		0							
陕西省	63	73	123	163	170	316	395	366	298	513	514	732	803	883
甘肃省	202	221	216	239	296	469	546	593	551	612	625	769	747	898
青海省				0	0	6	50	90	92	110	112	116	151	135
宁夏回族自治区	6	7	7	15	19	25	29	46	33	36	39	92	81	123
新疆维吾尔自治区	105	112	122	144	177	260	324	392	499	741	941	1 089	1 328	1 371

资料来源：2001 ~2014 年《中国统计年鉴》

附表 B–3　分省粗钢产量

（单位：万吨）

省（自治区、直辖市）	2000 年	2001 年	2002 年	2003 年	2004 年	2005 年	2006 年	2007 年	2008 年	2009 年	2010 年	2011 年	2012 年	2013 年
北京市	803	825	817	816	826	828	818	811	467	465	428	3	3	2
天津市	357	396	483	566	742	955	1 285	1 602	1 654	2 124	2 162	2 296	2 124	2 290
河北省	1 230	1 970	2 660	4 065	5 641	7 425	9 096	10 569	11 589	13 536	14 459	16 451	18 048	18 850
山西省	471	607	770	1 003	1 184	1 655	1 939	2 506	2 345	2 648	3 049	3 490	3 950	4 520
内蒙古自治区	424	454	515	577	626	805	862	1 040	1 211	1 262	1 233	1 670	1 734	1 979
辽宁省	1 554	1 661	1 943	2 228	2 596	3 059	3 702	4 140	4 069	4 803	5 390	5 425	5 178	5 973
吉林省	159	201	281	382	407	462	534	600	642	804	990	907	1 174	1 245
黑龙江省	89	94	144	166	238	248	315	436	475	566	653	668	698	740
上海市	1 779	1 875	1 719	1 729	1 824	1 928	1 903	2 082	1 992	2 032	2 214	2 226	1 971	1 801
江苏省	617	848	1 332	1 742	2 223	3 301	4 203	4 721	4 864	5 552	6 243	6 839	7 420	8 469
浙江省	145	182	265	334	370	540	471	577	902	1 063	1 229	1 330	1 305	1 387

续表

省（自治区、直辖市）	2000 年	2001 年	2002 年	2003 年	2004 年	2005 年	2006 年	2007 年	2008 年	2009 年	2010 年	2011 年	2012 年	2013 年
安徽省	439	554	638	693	907	1 110	1 296	1 664	1 770	1 763	1 856	1 969	2 146	2 352
福建省	125	155	212	258	319	391	548	589	633	767	1 087	1 167	1 577	1 625
江西省	320	400	548	600	748	963	1 164	1 307	1 241	1 621	1 911	2 068	2 180	2 157
山东省	635	723	1 001	1 415	1 855	3 188	3 715	4 407	4 459	5 082	5 571	5 665	6 282	6 120
河南省	405	534	672	874	975	1 229	1 750	2 275	2 188	2 329	2 327	2 371	2 216	2 736
湖北省	896	1 004	1 108	1 254	1 354	1 569	1 658	1 778	1 991	2 056	2 788	2 867	2 913	2 888
湖南省	304	443	547	592	804	977	1 194	1 332	1 299	1 437	1 767	1 820	1 680	1 747
广东省	287	356	470	600	717	940	903	1 154	1 067	1 127	1 240	1 324	1 229	1 443
广西壮族自治区	105	128	165	206	320	496	625	766	786	1 003	1 205	1 212	1 342	1667
海南省	0	0	0	0	0	0	0	5	4	23				
重庆市	180	201	198	225	269	277	324	358	352	334	457	631	546	609
四川省	602	703	755	739	989	1 094	1 231	1 415	1 370	1 510	1 581	1 729	1 675	1 712
贵州省	167	147	195	206	208	239	333	349	346	344	360	434	531	485
云南省	187	222	270	295	344	513	635	884	901	1 049	1 294	1 323	1 527	1 884
西藏自治区				0	0		0							
陕西省	54	69	88	180	221	307	389	396	305	523	605	766	829	917
甘肃省	227	237	213	224	279	458	546	603	476	626	662	820	810	954
青海省	43	44	42	48	47	51	80	115	115	127	137	140	141	148
宁夏回族自治区	1		9	13	12	1	0	0				29	22	32
新疆维吾尔自治区	112	132	175	204	233	313	395	447	536	640	826	893	1 138	1 177

资料来源：2001 ~2014 年《中国统计年鉴》

附录 B-2 钢铁行业政策汇编

附表 B-4 钢铁行业政策汇编（2007 ~ 2014 年）

发布时间	相关文件/会议	补充说明
2007 年 6 月	《节能减排综合性工作方案》	节能环保、结构调整
2008 年 2 月	《铁合金行业准入条件》2008 年修订	遏制重复建设，调整产业结构
2008 年 2 月	《电解金属锰企业行业准入条件》2008 年修订	遏制重复建设，调整产业结构
2008 年 2 月	《关于加强上市公司环境保护监督管理工作的指导意见》	遏制“双高”行业扩张
2008 年 4 月	《建设项目竣工环境保护验收技术规范 黑色金属冶炼及压延加工》（HJ/T 404—2007）	环境保护验收
2008 年 5 月	《关于下达 2008 年钨矿和稀土矿开采总量控制指标的通知》	稀有资源保护开发
2008 年 5 月	国家发展和改革委员会公布钢铁产品强制能耗标准	节能减排、调整结构
2008 年 5 月	《关于对港存进口铁矿石进行疏港的通知》	解决铁矿石港口积压
2008 年 7 月	《出口收结汇联网核查办法》	出口交易与收结汇真实性及其一致性的审核
2008 年 8 月	《关于进一步加强和规范外商投资项目管理的通知》	外商投资管理
2008 年 8 月	关于贯彻实施《中华人民共和国节约能源法》的通知	节能减排
2008 年 8 月	《国务院关税税则委员会关于调整铝合金焦炭和煤炭出口关税的通知》	限制资源型产品的出口
2008 年 9 月	《铁合金出口许可申领条件和程序》	节能减排、产业调整
2009 年 3 月	《钢铁产业调整和振兴规划》	产业调整
2009 年 3 月	《关于提高轻纺、电子信息等商品出口退税率的通知》	促进钢铁产品出口
2009 年 9 月	《关于抑制部分产业产能过剩和重复建设引导产业健康发展的若干意见》	产业调整
2011 年	《十二五规划纲要》	控制产能，调整产业结构，城市钢厂搬迁
2012 年 9 月	《钢铁行业规范条件》2012 年修订	对钢铁行业各个方面（包括能耗）进行规范

续表

发布时间	相关文件/会议	补充说明
2013 年 10 月 6 日	国务院《化解产能严重过剩矛盾的指导意见》国发〔2013〕41 号	重点推动山东、河北、辽宁、江苏、山西、江西等地区钢铁产业结构调整，充分发挥地方政府的积极性，整合分散钢铁产能，推动城市钢厂搬迁，优化产业布局，压缩钢铁产能总量8000 万吨以上。逐步提高热轧带肋钢筋、电工用钢、船舶用钢等钢材产品标准，修订完善钢材使用设计规范，在建筑结构纵向受力钢筋中全面推广应用 400 兆帕及以上强度高强钢筋，替代 335 兆帕热轧带肋钢筋等低品质钢材。加快推动高强钢筋产品的分类认证和标识管理。落实公平税赋政策，取消加工贸易项下进口钢材保税政策
2014 年	《钢铁行业清洁生产评价指标体系》	对清洁生产进行指标定型化
2014 年	《工业和信息化部关于下达 2014 年工业行业淘汰落后和过剩产能目标任务的通知》	将淘汰落后产能目标分解到企业

附录C　水泥行业

附录C-1　水泥行业相关统计数据

附表 C-1　水泥行业产量、销售及技术比例情况（1990～2014年）

年份	中国水泥产量（万吨）	中国水泥投入（亿元）	中国水泥销售收入（亿元）	中国水泥利润额（亿元）	中国熟料产量（万吨）	水泥熟料比（%）	全球水泥产量（万吨）	新型干法技术比例（%）
1990	20 971	—	—	—	15 498	73.90	103 000	—
1991	25 261	—	—	—	18 668	73.90	118 000	—
1992	30 822	—	—	—	22 777	73.90	113 000	—
1993	36 788	—	—	—	27 186	73.90	129 000	—
1994	42 118	—	—	—	31 125	73.90	139 000	—
1995	47 561	—	—	—	35 148	73.90	145 000	—
1996	49 119	—	—	—	36 299	73.90	149 000	—
1997	51 174	—	—	—	37 818	73.90	154 000	—
1998	53 600	—	—	—	39 610	73.90	153 000	—
1999	57 300	—	—	—	42 345	73.90	160 000	—
2000	59 700	—	—	—	44 118	73.90	165 000	21
2001	66 104	—	1 296	30	48 851	73.90	172 000	23

续表

年份	中国水泥产量（万吨）	中国水泥投入（亿元）	中国水泥销售收入（亿元）	中国水泥利润额（亿元）	中国熟料产量（万吨）	水泥熟料比（%）	全球水泥产量（万吨）	新型干法技术比例（%）
2002	72 500	—	1 440	46	53 578	73.90	180 000	26
2003	86 208	—	1 796	110	63 708	73.90	195 000	30
2004	96 682	—	2 290	136	71 448	73.90	215 000	34
2005	106 885	450	2 608	80	78 988	73.90	223 000	40
2006	123 677	460	3 217	150	87 328	70.61	255 000	47
2007	136 117	670	3 859	251	95 668	70.28	259 000	55
2008	140 000	1 050	4 977	356	97 701	69.79	285 000	66
2009	164 398	1 600	5 684	478	108 408	65.94	280 000	75
2010	188 191	1 569	6 716	610	118 817	63.14	333 000	81
2011	209 926	1 439	8 833	1 020	102 289	48.73	358 000	86
2012	218 405	1 379	8 862	657	121 650	55.70	375 000	89
2013	241 613	—	9 696	—	131 980	54.62	400 000	91
2014	247 619	—	9 792	—	141 665	57.21	418 000	—

注：数据来自世界企业永续发展委员会的水泥可持续发展项目，全球水泥碳排放和能耗数据库（数据时间：2015 年），网址为 http://www.wbcsdcement.org/index.php/key-issues/climate-protection/gnr-database；1991～2015 年《中国统计年鉴》；以及相关研究文献和报告（Liu et al.，2015；中国科学院碳专项水泥子课题组，2015；中国水泥协会，2015）

附表 C-2　分省水泥产量

（单位：万吨）

省（自治区、直辖市）	2000 年	2001 年	2002 年	2003 年	2004 年	2005 年	2006 年	2007 年	2008 年	2009 年	2010 年	2011 年	2012 年	2013 年
北京市	827	809	884	999	1 128	1 184	1 271	1 169	877	1 080	1 049	923	882	902
天津市	268	339	378	451	537	519	609	615	535	700	832	943	847	952
河北省	4 695	4 878	5 769	6 811	7 826	7 686	8 625	9 758	8 953	10 685	12 790	14 534	13 132	12 747

续表

省（自治区、直辖市）	2000年	2001年	2002年	2003年	2004年	2005年	2006年	2007年	2008年	2009年	2010年	2011年	2012年	2013年
山西省	1 194	1 573	1 680	1 949	1 923	2 311	2 681	2 781	2 075	2 753	3 668	4 101	5 076	5 100
内蒙古自治区	630	698	711	948	1 182	1 632	2 211	2 871	3 424	4 334	5 436	6 499	6 062	6 437
辽宁省	1 955	2 101	2 146	2 440	2 472	2 681	3 294	3 893	4 074	4 705	4 786	5 800	5 504	6 030
吉林省	759	907	889	1 119	1 376	1 719	1 799	1 904	2 582	3 680	3 080	3 802	3 243	3 391
黑龙江省	904	966	958	1 114	1 128	1 214	1 483	1 645	1 968	2 604	3 592	4 379	3 985	4 071
上海市	312	434	352	745	665	1 045	1 131	959	765	754	671	806	799	751
江苏省	4 600	5 247	6 035	7 825	7 993	9 681	10 976	11 850	12 683	14 476	15 830	15 034	16 902	18 027
浙江省	4 257	4 791	5 743	7 194	8 192	9 129	9 952	10 549	10 208	10 822	11 317	12 197	11 575	12 480
安徽省	1 906	2 372	2 404	3 073	3 235	3 353	4 580	5 402	5 915	7 278	8 069	9 572	11 005	12 192
福建省	1 514	1 762	1 699	2 400	2 245	2 792	3 417	4 500	4 509	5 478	5 921	6 810	7 259	7 906
江西省	1 463	1 608	1 966	2 524	2 976	3 701	4 300	5 009	5 272	6 201	6 263	6 874	7 572	9 228
山东省	6 547	7 287	8 239	9 935	12 364	14 426	16 670	15 024	13 887	14 058	14 743	15 073	15 455	16 239
河南省	3 723	4 686	4 481	4 723	5 394	6 487	7 605	9 471	10 227	11 874	11 564	13 824	14 889	16 782
湖北省	2 461	2 797	2 949	3 446	3 768	4 486	5 203	5 639	6 169	7 006	9 001	9 504	10 375	11 049
湖南省	2 396	2 762	2 747	3 135	3 358	3 742	4 593	5 683	6 044	7 652	8 749	9 364	10 574	11 314
广东省	5 872	6 018	7 442	7 530	7 785	8 229	9 704	9 800	9 484	10 043	11 611	12 714	11 486	13 429
广西壮族自治区	2 198	2 140	2 401	2 665	2 680	3 306	3 655	4 350	5 111	6 435	7 517	8 747	9 984	10 908
海南省	315	313	347	398	419	446	585	633	619	939	1 264	1 522	1 672	1 988
重庆市	1 403	1 699	1 750	2 038	1 957	2 226	2 619	3 000	3 135	3 641	4 621	5 016	5 562	6 150
四川省	2 766	3 162	3 294	4 060	3 820	4 480	5 060	6 376	6 067	9 004	13 378	14 522	13 465	13 947
贵州省	784	1 204	1 121	1 591	1 429	1 685	1 907	2 059	2 049	2 884	3 810	5 309	6 749	8 189
云南省	1 512	1 641	1 709	2 053	2 151	2 833	3 306	3 569	3 864	5 046	5 786	6 789	8 014	9 122
西藏自治区	49	50	59	125	96	128	167	160	167	188	219	233	287	296
陕西省	989	1 493	1 328	1 828	1 801	2 165	2 515	3 175	3 609	4 502	5 497	6 592	7 636	8 604
甘肃省	724	892	1 081	1 161	1 353	1 416	1 454	1 540	1 560	1 855	2 425	2 760	3 652	4 427
青海省	124	176	264	307	343	371	371	437	458	611	811	1 048	1 410	1 838
宁夏回族自治区	280	319	374	494	583	568	710	817	885	1 067	1 422	1 463	1 615	1 928
新疆维吾尔自治区	895	981	982	1 128	1 190	1 245	1 224	1 479	1 664	2 046	2 471	3 172	4 316	5 190

资料来源：1991 ~2015 年《中国统计年鉴》

附录 C-2 水泥行业政策汇编

自 2009 年 9 月份以来，有关控制水泥产能过快增长的政策密集出台，主要集中于：鼓励新技术，淘汰老技术；提高行业准入条件；严格控制新增产能，实行等量淘汰原则；促进企业产品质量的提高；大力推行清洁生产；促进行业兼并重组（联合资信评估有限公司，2012，2014）。

附表 C-3 水泥行业政策汇编（2009 ~ 2014 年）

发布时间	相关文件/会议	补充说明
2009 年 11 月 21 日	工业和信息化部《关于抑制产能过剩和重复建设引导水泥产业健康发展的意见》	抑制产能过剩和重复建设，坚决停止违法违规项目建设，在对水泥项目清理期间一律不得核准新的扩能建设项目；支持企业开展技术改造；推动优势企业兼并重组，提供产业集中度
2009 年 11 月 25 日	工业和信息化部产业〔2009〕588 号	工业和信息化部要求各地 2009 年合计淘汰水泥落后产能为 7416 万吨； 要求各地新增产能不得低于 4000 吨/天
2009 年 9 月 26 日	国家发展和改革委员会等十部委联合下发《关于抑制部分行业产能过剩和重复建设引导产业健康发展若干意见的通知》（38 号文）	严控新增水泥产能，执行等量淘汰原则，对 2009 年 9 月 30 日前尚未开工水泥项目一律暂停建设并进行一次认真清理，对不符合原则的项目严禁开工建设
2009 年	国家发展和改革委员会下发《国家重点节能技术推广目录》	2015 年高效冷却技术提高转换率至 42% ~ 45%，四通道燃煤装置提高至 25% ~ 30%，高效水泥分离技术提高至 75%
2009 年 9 月 8 日	工业和信息化部《水泥行业准入条件》（征求意见稿）	新型干法水泥比例高于 70% 的省份，每年新增水泥总量应控制在本省上年水泥总产量的 10% 以内；水泥熟料年产能低于人均 1000 千克的省份，新建水泥熟料项目必须严格按照“等量淘汰”的原则核准；水泥熟料年产能超过人均 1000 千克的省份，必须停止核准新建水泥（熟料）生产线项目

续表

发布时间	相关文件/会议	补充说明
2010 年 11 月 25 日	工业和信息化部《工业和信息化部关于水泥工业节能减排的指导意见》（工业和信息化部节〔2010〕582 号）	严格控制新增产能，加快淘汰落后产能，大力推行清洁生产，降低污染排放物，加快科技进步，推动信息化、智能化建设，加快研发低碳技术，鼓励资源综合利用，实施水泥行业节能减排重点工程建设。“十二五”规划期间，整体的熟料能源消耗平均值将低于 144 千克标准煤/吨熟料，整体的水泥能源消耗平均值将低于 93 千克标准煤/吨水泥，水泥的灰尘排放相比 2009 年下降 50%，二氧化碳排放下降 25%
2010 年 11 月 30 日	工业和信息化部《水泥行业准入条件》（工原〔2010〕127 号）	要求新型干法水泥熟料年产能超过人均 900 千克的省份，原则上停止核准新建扩大水泥（熟料）产能生产线项目，且鼓励现有水泥（熟料）企业兼并重组，支持不以新增产能为目的的技术改造项目
2010 年 2 月 24 日	国务院常务会议	压缩和疏导过剩产能，加快淘汰落后产能，坚决控制水泥等行业产能总量
2010 年	国家发展和改革委员会《限制落后水泥产能发展政策》	要求逐步淘汰立窑等落后技术，2015 年末，使新型干法占比达到 90%，全国年平均熟料的热消耗降低至 109 千克标准煤/吨熟料，全国年平均熟料的能源消耗降低至 117 千克标准煤/吨熟料，相比 2010 年水平下降 20%
2010 年 2 月 6 日	工业和信息化部起草《国务院关于进一步加强淘汰落后产能工作的通知》	进一步明确了 2012 年底前水泥行业落后产能淘汰总量将大于 3 亿千瓦时
2010 年 5 月 31 日	全国工业系统淘汰落后产能工作会议	工业和信息化部下达 2010 年水泥行业淘汰落后产能 9155 万吨的目标任务；且会议强调，2010 年应淘汰的落后产能在第三季度前要全部关停
2011 年 11 月 9 日	工业和信息化部《水泥工业“十二五”发展规划》	指出“十二五”规划期间要加快转变水泥工业发展方式，确定到 2015 年，规模以上企业工业增加值年均增长 10% 以上，淘汰落后水泥产能 2. 5 亿吨，主要污染物实现达标排放，协同处置取得明显进展，协同处置线比例达到 10%，综合利用废弃物总量提高 20%，前 10 家企业生产集中度达到 35% 以上。有利于大力推进节能减排、兼并重组、淘汰落后和技术进步，提高水泥工业发展质量和效益，促进水泥工业转型升级

续表

发布时间	相关文件/会议	补充说明
2011 年 12 月 30 日	国务院《工业转型升级规划（2011—2015 年）》	对吨水泥能耗、淘汰水泥落后产能重点、推进技术进步及兼并重组制定具体目标。有利于促进中国水泥产业结构不断优化，不断增强工业核心竞争力和可持续发展能力
2011 年 4 月 11 日	工业和信息化部淘汰水泥落后产能工作座谈会	确定 2011 年水泥工业落后产能淘汰总量为 1.3 亿吨
2012 年 10 月 22 日	工业和信息化部《水泥行业清洁生产技术推行方案》（征求意见稿）	制定了水泥窑氮氧化物减排技术、水泥窑协同处置废弃物技术及水泥窑窑衬使用无铬耐火材料（砖）等技术指标。有利于推行清洁生产技术，促进节能减排，同时也有利于提升企业核心竞争力
2012 年 2 月 27 日	工业和信息化部《工业节能“十二五”规划》	水泥重点产品节能措施与目标为：大力发展生态水泥及水泥深加工产品，继续推广水泥窑纯低温余热发电技术，开展以粉磨节电为重点的设备节能改造。到 2015 年，水泥窑纯低温余热发电比例提高到 65% 以上
2012 年 4 月 26 日	工业和信息化部《关于下达 2012 年 19 个工业行业淘汰落后产能目标任务的通知》（工业和信息化部产业〔2012〕159 号）	确定 2012 年全国淘汰水泥落后产能总量为 2.19 亿吨
2012 年 4 月 28 日	工业和信息化部《关于进一步加强企业兼并重组工作的通知》	充分发挥地方工业和信息化主管部门在加快推进企业兼并重组中的作用，建立健全企业兼并重组工作组织协调机制，协调解决本地区企业兼并重组中遇到的问题。促进企业兼并重组将有助于中国水泥行业调整产业结构、转变发展方式、提高产业竞争力，从而促进产业转型升级
2012 年 7 月 11 日	环境保护部《水泥工业污染防治技术政策》（征求意见稿）	降低水泥工业污染物排放强度，通过水泥工业污染防治技术标准的收紧，全面削减水泥工业的污染物排放，同时化解水泥行业产能过剩问题
2012 年	国家发展和改革委员会《中国可持续发展报告 2012》	新的水泥工业 NO_x 排放标准即将出台，限制标准为 1.175 千克/吨熟料

续表

发布时间	相关文件/会议	补充说明
2012 年 8 月 6 日	工业和信息化部《节能减排“十二五”规划》	淘汰落后产能，“十二五”规划期间淘汰水泥落后产能目标为 3.7 亿吨；推动能效水平提高，推广大型新型干法水泥生产线；普及纯低温余热发电技术，到 2015 年水泥纯低温余热发电比例提高到 70% 以上；推进水泥粉磨、熟料生产等节能改造；强化主要污染物减排：水泥行业实施新型干法窑降氮脱硝，新建、改扩建水泥生产线综合脱硝效率不低于 60%；推进大气中细颗粒污染物治理：加大工业烟粉尘污染防治力度，对水泥、钢铁等高排放行业实施高效除尘改造。这将有助于改善水泥行业能源消耗高的被动局面，促进行业转型升级和绿色发展
2013 年 10 月 6 日	国务院《化解产能严重过剩矛盾的指导意见》（国发〔2013〕41 号）	通过提高财政奖励标准，落实等量或减量置换方案等措施，鼓励地方提高淘汰落后产能标准，2015 年底前淘汰炼铁 1500 万吨、炼钢 1500 万吨、水泥（熟料及粉磨能力）1 亿吨、平板玻璃 2000 万重量箱。“十三五”规划期间，结合产业发展实际和环境承载力，通过提高能源消耗、污染物排放标准，严格执行特别排放限值要求，加大执法处罚力度，加快淘汰一批落后产能 加快制修订水泥、混凝土产品标准和相关设计规范，推广使用高标号水泥和高性能混凝土，尽快取消 32.5 复合水泥产品标准，逐步降低 32.5 复合水泥使用比重。鼓励依托现有水泥生产线，综合利用废渣发展高标号水泥和满足海洋、港口、核电、隧道等工程需要的特种水泥等新产品。支持利用现有水泥窑无害化协同处置城市生活垃圾和产业废弃物，进一步完善费用结算机制，协同处置生产线数量比重不低于 10%。强化氮氧化物等主要污染物排放和能源、资源单耗指标约束，对整改不达标的生产线依法予以淘汰
2013 年 2 月 6 日	工业和信息化部《关于加快推进重点行业兼并重组的指导意见》	到 2015 年，前 10 家水泥企业产业集中度达到 35%；重点支持优势骨干水泥企业开展跨地区、跨所有制兼并重组；鼓励水泥企业延伸产业链推进中国水泥企业兼并重组将有助于推动水泥工业转型升级，提高产业集中度、提高市场竞争力，培育一批具有国际竞争力的大型企业集团
2013 年 7 月 1 日	国务院《关于金融支持经济结构调整和转型升级的指导意见》	积极引导和督促金融机构优化信贷结构，按照“消化一批、转移一批、整合一批、淘汰一批”的要求，对产能过剩行业区分不同情况实施差别化政策。对产品有竞争力、有市场、有效益的企业，要继续给予资金支持；对实施产能整合的企业，要通过探索发行优先股、定向开展并购贷款、适当延长贷款期限等方式，支持企业兼并重组；对属于淘汰落后产能的企业，要通过保全资产和不良贷款转让、贷款损失核销等方式支持压产退市

续表

发布时间	相关文件/会议	补充说明
2013 年 8 月 16 日	国家发展和改革委员会《国家发展和改革委员会关于加大工作力度确保实现 2013 年节能减排目标任务的通知》	各区域水泥重点企业将在银行授信及贷款上获得支持。确保 2013 年全国单位国内生产总值能耗下降 3.7% 以上。节能环保、智能电网、物联网在内的多个产业获得支持；钢铁、水泥、电解铝、平板玻璃等产能严重过剩的行业中被列入公告的落后设备，将在 2013 年 9 月底前全部关停，12 月底前彻底拆除，不得转移
2014 年 3 月 25 日	环境保护部办公厅《关于落实大气污染防治行动计划严格环境影响评价准入的通知》	对水泥等高耗能行业提出了明确要求，要求进一步优化产业结构；严控新增产能项目；实行产能等量或减量置换；配套建设高效脱硫、脱硝、除尘设施；执行大气污染物特别排放限值等
2014 年 5 月 5 日	国家发展和改革委员会、工业和信息化部、国家质量监督检验检疫总局《关于运用价格手段促进水泥行业产业结构调整有关事项的通知》	对明确淘汰的利用水泥立窑、干法中空窑（生产高铝水泥、硫铝酸盐水泥等特种水泥除外）、立波尔窑、湿法窑生产熟料的企业，其用电价格在现行目录销售电价基础上每千瓦时加价 0.40 元。各地可在上述规定基础上进一步扩大实施范围，提高加价标准
2014 年 5 月 8 日	工业和信息化部下达 2014 年淘汰落后产能任务的通知	为分解落实《政府工作报告》确定的 2014 年淘汰落后产能任务，经淘汰落后产能工作部际协调小组第五次会议审议确定，近期工业和信息化部向各地下达了 2014 年淘汰落后和过剩产能任务，其中水泥（熟料及磨机）行业淘汰产能为 5050 万吨
2014 年 9 月 1 日	国家发展和改革委员会、财政部、环境保护部就调整排污费征收标准等问题发布通知，要求 2015 年底前水泥等行业严格核定排污费	调整排污费征收标准，促进企业治污减排；加强污染物在线监测，提高排污费收缴率；实行差别收费政策，建立约束激励机制；加强环境执法检查，主动接受社会监督